成长必修课
中国家风

42 工作室 编绘
陈凌波 文案

山东教育出版社
·济南·

图书在版编目（CIP）数据

成长必修课：中国家风 /42 工作室编绘；陈凌
波文案 . -- 济南：山东教育出版社，2025.7.--ISBN
978-7-5701-3693-3

Ⅰ . B823.1

中国国家版本馆 CIP 数据核字第 2025V6G719 号

责任编辑：王柏林
责任校对：舒心
装帧设计：42 工作室

CHENGZHANG BIXIU KE：ZHONGGUO JIAFENG

成长必修课：中国家风

主管单位：山东出版传媒股份有限公司
出版发行：山东教育出版社
　　　　　地址：济南市市中区二环南路 2066 号 4 区 1 号　　邮编：250003
　　　　　电话：（0531）82092660　　网址：www.sjs.com.cn
印　　刷：山东华立印务有限公司
版　　次：2025 年 7 月第 1 版
印　　次：2025 年 7 月第 1 次印刷
开　　本：710 mm×1000 mm　1/16
印　　张：8
字　　数：66 千
定　　价：49.00 元

（如印装质量有问题，请与印刷厂联系调换）印厂电话：0531-78860566

目录

第一章　以德养心，以心致远

第二章　家国情怀，心怀天下

第三章　家风传承，教育之道

第四章　向阳而生，豁达处世

第五章　创新突破，敢为人先

第一章

以德养心，以心致远

颜回

追求精神富足的笃行者

富而可求也，虽执鞭之士，吾亦为之。如不可求，从吾所好。

（出自《论语·述而》）

译文

若是能从正当途径得到财富，就算当个手持马鞭的车夫，我也愿意干。倘若得不到，我还是追随内心，做自己喜欢的事情吧。

🔍 核心能力关键词：安贫乐道

颜回的"志向"藏在日常生活里。当别人忙着琢磨吃穿享乐时，他却一门心思钻研"如何修养德行"。这份定力让他不被外界干扰，就像下棋一样，早已谋定了"人生步数"：身居陋巷只是一时，钻研学问才是长远之计。表面上看他"不谋物质"，其实是用智慧参透了"什么才是真正的富足"。

解读

这句话不仅表明了古代先贤的财富观和价值观，还暗含处世权衡的智慧。当机会来临，哪怕起点低也要躬身入局；但若会触碰法律红线或违背道德伦理，就该及时抽身，转而投身自己擅长的领域。这既是规避风险的生存之道，也是拥有长线思维的成长之道。毕竟，真正的成功往往属于那些懂得在利益与原则之间妥善取舍的人。

颜回：

精神世界的富足更为重要

      颜回自幼家境贫寒，家中陈设十分简朴，只有一些必需的生活用品。其父亲颜路早于颜回几年入孔门，常以儒家之道教导他。

      小时候，看到其他同龄的孩子都能穿漂亮的衣服、有玩具玩，颜回心中难免会有一些羡慕。但在父母的教诲下，他渐渐明白身外之物如同过眼云烟，很快便会随着时间消逝，而最重要的是充实自己的内心。

      年少时，颜回拜入孔子门下，从此更慕圣贤之道，对安贫乐道的领悟愈发深刻。他住在简陋的小巷里，栖身的房屋也破旧不堪，遇到下雨天，屋顶还会漏雨。他的饮食更是简朴，只用竹编的小篓盛饭，用瓢饮水。别人都忍受不了这种穷困清苦，颜回却沉浸于对学问的追求中，乐此不疲。孔子称赞道："贤哉，回也！"

颜回的同窗中不乏家境优渥之人，他们穿华服、食佳肴，出行还有车马代步，善于经商的子贡便是其中之一。

有一天，孔子问子贡："你与颜回相比如何？"子贡谦虚地说道："颜回能闻一知十，而我却只能闻一知二。"子贡认为自己虽然物质上较为富足，然品格境界却不及颜回。

在颜回看来，物质享受只是短暂的欢愉，真正的快乐源自学问的获取和道德的修持。这简朴的生活，对他来说并非苦楚，而是对他心性的磨炼。安守清贫，能使他更专注地钻研学问，领悟人生的真谛。钱财和官职不过是身外之物，若为了追求功名利禄而迷失自我，那才是真正的损失。

在颜回的影响下，家族中的晚辈们也纷纷以他为榜样。颜回安贫乐道的精神，不仅在颜氏家族中代代传承，也在社会上产生了深远的影响。后世许多人听闻颜回的故事后，都被他感动，明白了精神富足远胜于物质。

颜回及家族介绍

颜回

颜回，春秋末鲁国都城（今山东曲阜）人，字子渊，亦称颜渊。他是孔子的得意门生，位列"孔门七十二贤"之首，终身未仕而好学不倦。孔子多次称赞他的德行："吾见其进也，未见其止也。"（《论语·子罕》）后世儒家将孔子的"饭疏食饮水，曲肱而枕之，乐亦在其中矣"与颜回"一箪食，一瓢饮，在陋巷，人不堪其忧，回也不改其乐"合称为"孔颜乐处"。

颜氏家族

相传，颜姓始于周代，是黄帝轩辕氏的后裔。由于颜回以德闻名于世，加上受传统主流文化的影响，在颜氏族谱中，他被后世尊为一世祖。颜之推是颜回的第三十四世孙，他在颜回思想的基础上，依靠在南北朝乱世中的所见所感，创作了对后世影响深远的《颜氏家训》。唐代著名书法家颜真卿是颜回的第三十九世孙，他忠君爱国，面对安史之乱挺身而出，以热血和生命诠释了颜氏家族的忠义气节。

曾子

吾日三省吾身：为人谋而不忠乎？与朋友交而不信乎？传不习乎？

（出自《论语·学而》）

译文

我每天多次反省自己：替他人谋划事情是否尽心竭力？与朋友交往是否诚信？老师传授的学问是否实践过？

🔍 核心能力关键词：信用践行力

曾子为兑现"杀猪教子"的承诺，不顾妻子的劝阻而付诸行动。他认为信守承诺是人际交往的基本准则，对自己的孩子守信，才能在孩子心里播下"诚信"的种子；唯有真心承诺他人，才能赢得对方长久的信任。这份说一不二的品格，正是我们立身处世的根本。

解读

身为儒家思想的代表人物，曾子以高尚的道德品格闻名于世。他终生以诚信为处世原则，坚守内心的操守。

传承曾子的诚信精神并非遥不可及，从生活中的点滴小事做起便是最好的起点。答应别人的事情要尽力做到，不要轻易爽约；面对错误时，主动承认并承担责任。久而久之，诚信的美德会在我们心中扎根，帮助我们赢得他人的尊重与信任，收获真挚的情谊和美好的未来。

曾子：

诚信是一个人最该坚守的品格

在春秋时期的鲁国，曾子一家过着简朴而宁静的生活。一天，曾子的妻子准备去集市，这时，年幼的儿子哭闹着要与母亲一同前往。妻子担心自己带着孩子不方便，便随口哄骗他："孩子，你回家去吧，等娘回来，就杀了家里的猪，给你做香喷喷的肉吃。"儿子一听，满心欢喜，立刻止住了哭声，乖乖地留在了家中。

妻子从集市归来，刚进家门，就看见曾子正准备杀猪。她大惊失色，急忙阻拦："你这是做什么？我那话是为了哄孩子说的，当不得真啊！"曾子一脸严肃，认真地说道："可孩子并不知道你在开玩笑。他还小，没有明辨是非的能力，他的一言一行、一举一动都在模仿父母。今天你欺骗他，就是在教他说谎骗人。做母亲的要是欺骗孩子，孩子就不会相信自己的母亲，我们不能这样教育孩子呀！"

妻子听后，心中虽被触动，却仍觉得为此杀猪太过可惜，她犹豫着说："可是这头猪对我们来说太贵重了，就为了一句哄孩子的话而杀掉它，是不是太不值得了？"

曾子听后，语重心长地劝说妻子："诚信是为人处世的基本准则，是一个人最该坚守的品格。若想让孩子成长为一个正直、有担当的人，就必须从每一件小事做起，以身作则。"说罢，曾子神色坚定，毫不犹豫地宰杀了那头猪。

曾子的儿子默默地站在一旁，聆听着父母的对话。此刻，他的心中满是敬佩。父亲信守承诺的行为，深深地印刻在他幼小的心灵里，成为他一生坚守诚信的开端。此后，无论面对何种诱惑、陷入何种困境，他都始终牢记父亲的教诲，将"诚信"二字奉为准则。

曾子重视诚信，哪怕面对年幼的孩子，也绝不随意敷衍。他启示我们，一个人若失去信用，便难以在世间立足。

诚信

曾子及家族介绍

曾子，名参，字子舆，是中国先秦时期的思想家，孔子的学生。曾子是春秋末鲁国南武城（一说为今山东嘉祥南，一说为今山东平邑南）人。曾子以"孝"闻名，他提出"吾日三省吾身"（出自《论语·学而》）的自我修养方法，以弘扬仁道为己任。

曾子提出"慎终追远，民德归厚"（如果民众都能做到谨慎从事，追念前贤，社会的道德风向就会醇厚、朴实），"犯而不校"（别人触犯了自己也不计较）等主张。相传，曾子为儒家经典《大学》的作者，其思想在儒经传承上有重要地位。

曾氏家族

武城曾氏以儒家思想为核心，传承了孝道、勤俭、诚信等传统美德。曾子以"孝"闻名，被后世尊称为"宗圣"，曾氏家族也因此声名显赫，家族昌盛。

兢兢业业的古代调研"达人" 司马迁

究天人之际，通古今之变，成一家之言。

（出自《报任安书》）

译文

探究自然规律和人类社会的关系，贯通历史上从古至今的变化，形成独特的学术体系。

🔍核心能力关键词：实践力

他跑到巨鹿古战场，蹲在废墟里琢磨"士兵怎么断后路、怎么激发士气"；他去往秦国故地，向老乡请教"当年怎么量田、怎么治罪"。如此看来，真正的谋略不是空想，而是亲自去往现场，在细节里找问题的答案。

解读

这句话表达了司马迁著书立说的伟大信念和责任感。司马迁为撰写《史记》，读万卷书，行万里路，在绝境中依然笔耕不辍，终于铸就巨著。

在求学生涯中，我们不要只满足于从书本中汲取知识，应多参加实践活动，在实践中拓宽自身视野，从而加深对所学知识的理解；在阅读时，要以严谨求实的态度对待其中的内容，不盲目相信，要多方考证。在生活中，我们要树立坚定的理想信念，无论面临多大的艰难险阻，都不要轻言放弃。

司马迁：
在困境中默默坚守

西汉年间，史官司马谈秉承先祖修史著书的遗志，穷其一生致力于撰写一部鸿篇巨制的史书。他继承了家族严谨治学的研究态度，深知历史的厚重底蕴。他身为史官，肩负着实录历史、传承文明的重任。这份责任，他亦决心传给儿子司马迁。

为了培养司马迁，司马谈亲自指导他读书习字。经过一番苦学，司马迁十岁时已能诵习《尚书》《左传》《国语》等典籍，且出口成章。另外，司马谈还为儿子寻访良师，当时声名赫赫的学者孔安国、董仲舒等人都曾指导过司马迁，传授他学问。

然而富有远见卓识的司马谈并不满足于将儿子培养成一个只会读书的"书呆子"。他深谙"实践出真知"的道理，鼓励儿子远游四方，不必受限于书本知识，而去积累更为丰富、准确的第一手史料。

于是，司马迁在二十岁时便开启了漫长的游学生涯，他从京师长安出发，历经河南、江苏、浙江、湖南、江西等地，几乎走遍了大半个中国。通过实地考察历史遗迹，走访当地百姓，他了解到许多未载于典籍的历史真相、民间传说和风土人情，这些都为他后期撰写《史记》提供了更加丰富、真实的素材。

司马谈去世后，司马迁继任太史令，他承父遗志，全身心投入史书的撰写。可惜时运不齐，命途多舛，他因为替被迫投降匈奴的李陵辩解而遭受宫刑，身心遭受重创，一度万念俱灰。但每当想起父亲嘱托的修史责任，他的内心便涌起无尽的力量。

很快，司马迁振作起来，忍辱负重，秉持"究天人之际，通古今之变，成一家之言"的信念发愤著书，最终完成了被赞为"史家之绝唱，无韵之离骚"的《史记》。

这部史学巨著不仅凝聚着司马迁一生的心血，更传承着司马氏家族的史学精神。这种精神激励着一代又一代人为理想和使命坚守初心、追求真理。

司马迁及家族介绍

司马迁

　　司马迁，字子长，夏阳（今陕西韩城南）人。西汉时期著名的史学家、文学家、思想家。他早年周游南北，实地考察各地风俗，搜集民间传说，为日后著史积累了丰富的素材。初任郎中，后继承父亲司马谈之职，任太史令。因替李陵兵败投降匈奴一事直言辩解，触怒汉武帝，被下狱，遭受腐刑。出狱后任中书令，最终发愤继续完成所著史籍。其著作初称《太史公书》，后称《史记》，是中国最早的纪传体通史。此书开创了纪传体史书的形式，对后世史学和文学的发展影响深远。

司马氏家族

　　夏阳司马氏，其先祖可追溯至西周时期，程伯休父作为朝廷大司马，协助王室平定叛乱，因此被周宣王赐姓"司马"。秦汉之际，司马氏成员多任职史官或地方官吏，家族世系及相关事迹主要记载于《史记·太史公自序》。司马家族中享誉史册的名人，首推司马迁的八世祖司马错，他是战国时期秦国的著名将领。司马错主张"得蜀即得楚"，率军平定巴蜀，为秦统一天下奠定基础。

刘备

勿以善小而不为，勿以恶小而为之。惟贤惟德，能服于人。

（出自《三国志·蜀书·先主传》）

译文

不要因为善事微小而不去做，也不要因为恶行微小而放纵自己。唯有贤明且德行高尚的人，才能令人信服。

核心能力关键词：人心和凝聚力

刘备的"仁义"是贯穿他一生的关键词。"小善"看似微不足道，却在乱世中为他赢得民心。当曹操、孙权靠武力扩张时，他则靠"仁义"请诸葛亮出山，让百姓追随。这种看似"慢热型"的谋略，是把"善意"种进人心，等时机成熟，终将长成大树。

解读

跨越千年，善良始终是一种温暖人心的精神力量，能赢得人们的亲近和尊重。

刘备一生秉持仁善之道。无论是在艰难困苦的创业阶段，还是身登皇位、大权在握之时，他始终坚守道德底线，待人宽厚仁慈。这段历史启示我们，善良需从细微之处践行，用真诚打动他人。当微小的善意不断积累，终将汇聚成照亮生命的美德之光。

刘备：
善良是一生不变的坚守

东汉末年，天下大乱。在那个动荡不安的乱世，刘备始终秉持着以仁善为本的原则，待人真诚且乐善好施。

行军途中，哪怕粮草紧缺，他也严禁士兵侵扰百姓分毫，可见刘备对待百姓宽厚仁爱。无论是对府中的仆役，还是来访的宾客，刘备都以身作则，保持谦逊和善、温和有礼的态度，对他人关怀备至。《三国演义》中"桃园结义"的故事更是家喻户晓，猛将关羽、张飞愿与他桃园结义，生死相随，足见他对兄弟推心置腹，赤诚相待。

由于"创业"初期缺兵少马，刘备不得不辗转依附于各地诸侯。在那段寄人篱下的日子里，他仍坚守初心，从未放松对子女的言传身教。日常生活中，他常告诫子女，善良是为人处世的根本，做善人、行善事需要从点滴小事做起。哪怕是一句温暖的问候、一次及时的帮助，都可能为他人带来莫大的慰藉；而一个小小的恶念、一次无礼的举动，日积月累，都可能成为损害个人声誉与家族荣耀的祸根。

成为蜀汉皇帝后，刘备并未一味沉醉于胜利的喜悦，即使蜀地资源富足，他也依旧秉持着勤政爱民、谦逊仁善的作风。他宵衣旰食，呕心沥血，只为使蜀地百姓安居乐业。

暮年时，刘备自知命不久矣，对孩子的教育也愈发严格，他时常给儿子刘禅讲述自己在乱世之中创立蜀汉基业的艰辛历程，并分享自己与人为善的智慧，让刘禅明白为人良善的重要性。

临终之时，刘备为刘禅留下了"勿以善小而不为，勿以恶小而为之。惟贤惟德，能服于人"的遗诏，他希望刘禅能发扬刘家仁善的传统家风，励精图治，治理好国家。

刘备留下的精神力量，深深影响了涿郡刘氏家族。其家族成员皆以善良、正直、勤勉为行为准则，造福百姓，赢得了世人的敬重。刘家宽厚仁善的家风，也成为后人取之不尽、用之不竭的精神财富。

刘备及家族介绍

刘备

刘备，字玄德，东汉末年幽州涿郡涿县（今河北涿州）人，西汉中山靖王刘胜后裔，三国时期蜀汉开国皇帝。刘备少时家道中落，以织席贩履为生，却胸怀大志，曾投身镇压黄巾起义，历经坎坷后成就霸业。刘备为人仁义良善，爱民如子，且礼贤下士，与关羽、张飞"桃园结义"的故事，被传为千古佳话。后病逝于白帝城，谥号昭烈皇帝。

刘氏家族

涿郡刘氏，源出汉室宗亲，乃汉景帝之子中山靖王刘胜之后。刘胜子嗣众多，但至刘备时已家道中落。刘备的祖父刘雄曾举孝廉入仕，官至东郡范县令；父亲刘弘早逝后，家业逐渐衰落。少时刘备与母以织席贩履为生，后得族叔刘元起资助才有机会求学。刘备继承家族优良品格，毕生以"匡扶汉室"为己任，凭借家族传承的坚韧品质和自身的努力，在乱世中闯出一片天地，让涿郡刘氏名扬天下。

范仲淹

公既贵，常以俭约率家人。

（出自《范文正公言行拾遗事录》）

♪译文

范仲淹地位显赫后，仍常以节俭朴素为准则
来约束和引导家人。

🔍核心能力关键词：逆境抗挫力

范仲淹少年时吃冷粥腌菜，却能够把省下的钱用来买书；待官居高位，又把俸禄用来创办"义庄"接济穷人。他的智慧就是在物质上做减法，在精神上做加法。这种"延迟满足感"，最终成就了他"先忧后乐"的崇高人生境界。

解读

这句话彰显了北宋范仲淹的优良家风。范仲淹一生清廉节俭，即便后来身居高位，也力戒奢靡。范仲淹家族因节俭自律而绵延八百年不衰，更印证了这一智慧的重要价值。

我们应当学习范仲淹勤俭节约的家风，在点滴小事中坚守节俭的美德，逐渐养成良好习惯。吃饭时，要积极践行"光盘行动"，按需备餐，按量取餐，不要浪费食物；买文具时，可以更多地考虑其实用性，不被众多花哨的包装迷惑；学习时，倡导纸张双面使用，节约资源，拒绝浪费。

范仲淹：

节俭是不能丢的美德

作为北宋杰出的政治家、文学家，范仲淹如同一座巍峨的高山，矗立在我国的历史长河中，范氏家族清廉节俭的家风更似一汪清泉，千年流淌，润泽后人。

范仲淹自幼父亲早逝，家境贫寒，而范仲淹的母亲却鼓励他读书。范仲淹在醴泉寺求学时，生活条件极为艰苦，很难果腹。为应对困境，少年范仲淹想出了一个妙法：每日煮一锅粥，等粥隔夜凝固后，再用刀将粥划成四块，早晚各吃两块，再配一些下饭的腌菜。——这便是著名的"断齑（jī）划粥"典故。清苦的生活非但未消磨意志，反而铸就了范仲淹"以俭养德"的人生底色。

经过一番勤学苦读，范仲淹考中进士，步入仕途。这时，范家的生活条件已逐渐改善，但范仲淹勤俭节约的习惯始终未改。即便官至副宰相，他的衣食住行依然简单朴素。他规定，家里若没有宾客登门，则"食不重肉"；妻子儿女的衣饰饮食，也仅以温饱为标准。这种深植于心的俭朴之风，不仅涵养了范仲淹"先天下之忧而忧"的家国情怀，更成为范氏家族绵延八百年的精神血脉。

范仲淹在自身坚持清廉节俭的同时，更将勤俭节约的理念深植于对子女的教育中。《范文正公言行拾遗事录》中有记载："公既贵，常以俭约率家人。"他时常告诫子女，生活要俭朴，不可追求奢华。范仲淹的儿子范纯仁成婚时，打算购置几件贵重物品。范仲淹得知后，严厉地批评并教导他要以节俭为重，不可铺张。最终，范纯仁遵从父亲的教诲，将婚礼办得简朴而不失礼数，庄重中尽显家风传承，成就了一段克勤克俭的佳话。

　　范仲淹为官清廉，他与民秋毫无犯，将自己大部分的俸禄都用来接济穷人，积极帮助那些生活困苦的百姓。他还设立义庄，购置良田，用义庄的收入来供养族人，资助贫困学子。在他的影响下，范氏家族形成了清廉节俭、乐善好施的优良家风。

　　范仲淹的一生，是清廉节俭的一生。他言传身教，为子孙后代树立了光辉的榜样。他的家风故事激励着我们在生活中保持清廉节俭的品质，在朝着远大志向前进的同时，时刻不能忘本。

范仲淹及家族介绍

范仲淹

范仲淹，字希文，谥号文正，世称范文正公，苏州吴县（今江苏苏州）人，是北宋时期杰出的政治家、文学家、军事家，也是"庆历新政"的发起者。他善作诗文辞赋，有《范文正公文集》传世。其名篇《岳阳楼记》中的"先天下之忧而忧，后天下之乐而乐"一句，更成为后世无数士人的政治理想与精神追求。

苏州范氏

苏州范氏是宋代著名的文化世族，其先祖可追溯至唐代名相范履冰。北宋时期，范氏家族经范仲淹发扬光大，成为兼具政治影响与文化传承的名门望族。范氏家规《义庄规矩》开创了中国宗族慈善的先河，家风影响深远，至今仍被视为传统士族文化的典范。

用"谦让"换"和气"的聪明人 张英

千里修书只为墙，让他三尺又何妨？
万里长城今犹在，不见当年秦始皇。

（出自张英《家书》）

译文

我在千里之外写信，只是为了一堵墙，礼让他人三尺又能怎么样呢？万里长城如今尚在，可是当年下令修建它的人早已不在了。

核心能力关键词：以退为进

张英的"退让"智慧是一门处世智慧，适当"示弱"反而能赢得人心。他让家人适当忍耐，看似输了面子，却让邻居也主动退让。这招"以退为进"的谋略，比吵架更高明。有些时候，用宽容换和谐，才是最划算的买卖。

解读

张英的这句话警示我们，真正的强者不会靠争斗取胜，而是以宽厚之心赢得人心和他人的尊重。主动让步并非吃亏，反而能收获他人的敬意。在生活中难免会有与他人意见不合的时候，我们要多多倾听他人的想法，尊重不同的观点，以协商代替争吵。践行"以和为贵"的理念，方能在成长的道路上行稳致远。

张英：

六尺巷中见仁义

在安徽桐城，有一条名为"六尺巷"的小巷，它虽窄小，却藏着一段流传百年的佳话，更是张英"宽厚谦让、以和为贵"家风的鲜活体现。

张英是清朝康熙年间的大学士，他学识渊博，品德高尚，深受康熙帝赏识重用。一日，在京城为官的张英收到一封言辞恳切的家书。原来，张家的邻居吴氏在扩建房屋时，双方因占地问题起了争执。张家人认为吴家越界侵占，吴家却坚称此地祖辈相传，两家互不相让。

千里修书只为墙
让他三尺又何妨
万里长城今犹在
不见当年秦始皇

吴家与张家各执一词，互不相让，矛盾逐渐升级，甚至到了要对簿公堂的地步。然而，官府并没有偏袒张家。张家人无奈之下，写信给远在京城的张英，希望他能利用自己为官的权势，为家族讨回公道。

张英读完家书后，并没有像家人期望的那样大动干戈。他认为，以权压人并非君子所为，那样或许能解决眼前的问题，但定会破坏邻里和睦，绝非长久之计。经过一番深思熟虑，他提笔写了一首诗，作为回信："千里修书只为墙，让他三尺又何妨？万里长城今犹在，不见当年秦始皇。"

张家人收到回信后，主动将院墙退后了三尺。吴家得知此事后，深感惭愧。被张英高尚的品德所打动，吴家也主动退让了三尺。就这样，原本狭窄的巷子变得宽可容人，这便是后来闻名遐迩的"六尺巷"。

六尺巷见证了张英家族宽厚谦让、以和为贵的家风，其子孙后代，也在家风的熏陶下，秉持着谦逊、宽容的原则。张英的次子张廷玉继承了父亲的家风，一生为官，廉洁奉公，深受康熙、雍正、乾隆三朝皇帝的重用，成为清朝唯一一位配享太庙的文臣。

六尺巷虽小，却蕴含着深刻的人生哲理。它将永远激励着后人，传承"宽厚谦让、以和为贵"的美德。

桐城张氏家族介绍

张英

张英，字敦复，号乐圃，安徽桐城人。张英是清代文学家和大臣，也是名相张廷玉的父亲。他在康熙年间考中进士，康熙十六年升任侍讲学士，不久后进入南书房当值，深得圣祖信任。此后，张英官至文华殿大学士兼礼部尚书。他还担任过《一统志》《渊鉴类函》《政治典训》《平定朔漠方略》等重要典籍的总裁官，著有《周易衷论》等作品。

张氏家族

桐城张氏，是清代声名显赫的名门望族，祖籍江西，明初迁至桐城。家族自张淳开始崭露头角，张淳任永康知县时，断案公正，被称为"张一包"。张淳的曾孙张英深受康熙帝器重，官至文华殿大学士兼礼部尚书。张英的诸儿各有所成，次子张廷玉更是历经康、雍、乾三朝，主持编修多部重要典籍。

第二章

家国情怀，心怀天下

"不战而胜"的军事哲学家 孙武

是故百战百胜，非善之善者也；
不战而屈人之兵，善之善者也。

（出自《孙子兵法·谋攻篇》）

译文

打仗时百战百胜，这并不是最高明的；不发动战争就使敌人屈服，才是最好的。

核心能力关键词：造势谋局力

孙武的"兵法"强调的是"心理战"高阶智慧——能让敌人自己内乱，就别动手。就像现在的竞争，高手不动声色就把对手逼退。真正的顶级谋略，才懒得"硬刚"，而是先让对手自己"崩溃"。

解读

孙武凭借卓越的智慧和谋略创作了《孙子兵法》，成为一代兵圣。他认为，真正强大的力量并非用于发动战争，而在于守护和平。

当我们面临冲突时，不妨借鉴这种智慧，以非暴力沟通的方式解决问题，避免不必要的对抗。例如，在面对与他人的分歧时，可以先尝试理解对方的立场，与对方心平气和地沟通，而不是激烈争吵；在面对工作或学习压力时，也可以寻找更高效的解决路径，而不是盲目地和困难硬拼。

孙武：

智慧比蛮力更重要

春秋时期，齐国乐安的孙氏家族世代习武，在军事领域声名远扬，孙武就诞生于这个尚武崇德的家族。

孙武的祖父田书因伐莒有功，被齐景公赐姓孙。身为将门之后，孙武受到家族中浓厚的军事氛围的熏陶，从小便对军事谋略和兵书十分感兴趣。他每日勤读、手不释卷，同时刻苦研习射箭、驾车等军事技能。无论是寒冬还是酷暑，他都坚持训练，从未懈怠。

孙氏家族对"义"的坚守，也如烙印般深植于孙武心中。在战争频繁的乱世，面对百姓流离失所、水深火热的境遇，孙氏家族常挺身而出，组织力量竭力保护百姓安全。

后来，齐国发生内乱，孙武被迫流亡到吴国。他带着家族的期望和自己的抱负，在伍子胥的多次推荐下，得以向吴王阖闾进献兵法，最终获任将军。孙武始终牢记家族"止戈为武"的教诲，希望通过强大的军事力量威慑敌人，实现长久和平。在吴楚之战中，孙武精心谋划，以三万吴军大破二十万楚军。此战役不仅让吴国声威大振，更使周遭百姓免于战火之苦。

早年，孙武目睹家族长辈为了保护平民百姓，不顾生死、冲锋陷阵，由此他下定决心：将来也要做一位为国为民、义薄云天的将领。

孙武一生坚守家族传承的尚武精神、智慧谋略以及对正义与和平的追求，最终著成《孙子兵法》，成为一代"兵圣"。孙氏家风崇武尚德，以义为先的家风也在历史的长河中代代相传，绵延不息。

孙武及家族介绍

孙武，字长卿，齐国乐安（今山东博兴北，一说山东惠民）人，春秋时期著名军事家、思想家，兵家奠基人，被誉为"兵圣"。世人尊称其为"孙子"或"孙武子"。他曾携带《兵法》十三篇觐见吴王阖闾，被任命为将，率吴军攻破楚国。著有中国现存最早的兵书——《孙子兵法》，该书首次系统地论述了战争全局问题，并揭示了"知彼知己，百战不殆"这一指导战争的普遍规律。

孙·氏家族

乐安孙氏，其先祖为陈国公子完，因陈国内乱逃至齐国，后改姓田氏。孙武的祖父齐大夫田书因伐莒（今山东莒县）有功，被齐景公赐姓孙氏。后因齐国内乱，孙武出奔吴国。经吴国重臣伍员推荐，孙武向吴王阖闾进呈所著兵法十三篇，被重用为将。孙氏家族在军事领域人才辈出，孙武更是将家族军事智慧推向巅峰，其家族历来注重军事才能培养与谋略传承。

诸葛亮

心系天下的蜀汉"打工人"

非淡泊无以明志，非宁静无以致远。

（出自《诫子书》）

译文

不看淡眼前的名利，就不会有明确的志向，不能抵御外界的干扰，就不能实现远大的目标。

🔍核心能力关键词：全局掌控力

诸葛亮深知"系统思维"的智慧。他一生为蜀汉"打工"，对内抓经济，对外拓版图。他既能在《出师表》中言"亲贤臣"的用人之道，又能亲率大军北伐征战。从顶层设计到基层执行无缝衔接，步步稳扎稳打，堪称古代"全能王"。

解读

诸葛亮一生淡泊明志，始终坚守内心的纯净。他认为只有摒弃世俗的纷扰，放下对功名利禄的过度追求，才能保持清醒的头脑，明确自己的志向。

当下，科学技术飞速发展，社会各领域竞争愈发激烈，人们的内心压力难免加重，由此滋生诸多负面情绪。我们不妨效仿古人，静下心来问问自己内心真正要的是什么，不盲目和他人攀比，不为眼前的得失所困——在这份宁静里，也许就能找到属于自己的人生答案。

诸葛亮：
勤学苦读不应只为功名

诸葛亮早年隐居隆中，虽身处乡野草庐，却始终心怀天下，过着宁静而简朴的生活。

后来，刘备三顾茅庐，请诸葛亮出山。为实现兴复汉室的大业，诸葛亮殚精竭虑，鞠躬尽瘁，辅佐刘备建立了蜀汉政权。在处理纷繁杂乱的军政事务之余，诸葛亮也始终没有松懈对后辈的教育。

诸葛亮尤为重视对后代的品德和学识的培养。他常常教导孩子们要勤奋学习，同时要淡泊名利、修身养性。身为蜀汉丞相，诸葛亮身份尊贵，始终保持衣食住行的简朴，以实际行动诠释着淡泊名利的高尚品格。

尤为重要的是，诸葛亮将自己的人生智慧和道德准则融入对后代的教育，写下了名垂千古的家书《诫子书》。他在信中写道："夫君子之行，静以修身，俭以养德。非淡泊无以明志，非宁静无以致远。夫学须静也，才须学也，非学无以广才，非志无以成学。淫慢则不能励精，险躁则不能治性。"

诸葛亮意在告诫儿子，要保持内心的宁静，并以俭朴来培养品德。学习必须静心专一，才干则来自勤奋学习。不学习就无法增长自己的才干，不明确志向就不能在学习上获得成就。放纵懈怠，就会消磨意志；轻薄浮躁，就不能修养性情。

诸葛亮的家风对琅琊诸葛氏家族产生了深远的影响。在他的引领下，家族成员皆秉持家族优良传统，各自贡献自己的力量。他们有的在政治舞台上施展抱负，有的在学术领域里有所建树。

诸葛亮用自己的言行，为家族树立了榜样，让"静以修身，俭以养德"的家风在岁月的长河中静静流淌，成为后辈们世代珍视的精神财富。

诸葛亮及家族介绍

诸葛亮

诸葛亮，字孔明，号卧龙，琅琊阳都（今山东沂南县）人，三国时期蜀汉丞相，是中国历史上杰出的政治家、军事家、文学家、发明家。他一生"鞠躬尽瘁，死而后已"，为蜀汉政权奉献了毕生精力，其传奇事迹和智慧谋略被后世广为传颂，有《出师表》《诫子书》等著作传世。

诸葛氏家族

琅琊诸葛氏是世家大族，其先祖诸葛丰为西汉司隶校尉，以刚直著称。三国时期，诸葛亮辅佐刘备建立蜀汉，官至丞相，以"鞠躬尽瘁"名垂千古。凭借其卓越的才能和高尚的品德，诸葛亮使诸葛氏声名远扬。家族素来注重品德修养和学识培养，其家风对后世产生了深远的影响。

岳飞

君之驭臣，固不吝于厚赏；父之教子，岂可责以近功。

（出自《岳武穆遗文》）

译文

君主统率臣子，本就不该吝啬丰厚的赏赐；父亲教育儿子，怎么可以贪图眼前利益呢。

核心能力关键词：战略远见力

岳飞的谋略从来不是"只顾眼前"。练兵时，他知道"得民心者得天下"的道理，定下"冻死不拆屋，饿死不掳掠"的军纪，让百姓真心信服；打仗时，他懂得"单丝不成线"，主动和北方义军联手，一点点动摇金军的根基。就像下棋能看透十步之外，他用长远眼光把每一步"谋略"都下成"大格局"。

解读

这句话蕴含着两种智慧。管理团队要懂得给予奖励。古时英勇的将领胜仗归来后，还会重赏士兵，如今的企业管理者更应拿出实际行动激励人才。而在养育后代时，不可急于求成。不能只盯着刷题、得分等短期学业目标，更要注重品德与能力的长远培养。

明智的做法应该是，激励他人时要慷慨大方，培养人才时要有恒心和耐心。如同种树一般，及时浇灌施肥才能稳步生长，若急于摘取果实，树木很难繁茂。

岳飞：

凡事要着眼于长远

　　南宋抗金名将岳飞出生在一个普通的农家，父亲岳和、母亲姚氏虽然皆为平民，却有着高尚的品德和强烈的家国情怀。汤阴岳氏的家风深深影响着岳飞的成长。

　　岳飞自幼聪慧好学，尤其嗜读兵书。他苦练武艺，渴望有朝一日能为国家效力。当时南宋河破碎，金兵屡屡侵扰南宋边境，百姓生活在水深火热之中。这一切令岳飞自幼便对敌人满怀愤恨，对国家深怀忧虑。

　　岳飞渐渐长大，报国之心愈发强烈。学有所成后，他毅然决然地选择投军抗金。临行前，岳飞辞别母亲，立志驱除敌寇，兴复家国，不辱汤阴岳氏门楣。姚夫人也早有此意，决心支持儿子。于是命岳飞解开上衣，露出脊背。姚夫人取出绣花针，在岳飞后背刺下了"精忠报国"（一说"尽忠报国"）四个大字，并涂以醋墨，使字永不褪色。刺字完成后，姚夫人轻抚儿子背脊，嘱咐岳飞务必牢记族训，为国尽忠。岳飞忍着疼痛，将母亲的教诲铭记于心。

　　这就是民间流传已久的"岳母刺字"的故事。

后来，岳飞不负众望，成为一位英勇的将领。他率领岳家军与凶残的敌人搏斗，屡建奇功，令金兵闻风丧胆。征战期间，岳飞始终牢记母亲的训导，不仅以"精忠报国"为人生准则，更将这一家风严训后代。

岳飞之子岳云年少从军，随父亲南征北战。颍昌之战时，岳飞命岳云率部分背嵬军驰援。战场上，岳云身先士卒，亲率精锐冲入敌阵。激战至最后，他与战马皆浴血奋战，即便身受重伤，仍坚守阵地，毫不退缩。

岳云立下如此战功，岳飞却"匿功不报"，这源于岳飞所坚持的"君之驭臣，固不吝于厚赏；父之教子，岂可责以近功"。在他看来，父亲教育儿子，绝不能贪图眼前之功。

岳飞的严格教育，让岳云成长为岳家军中勇猛的将领，并将岳家优良的家风发扬传承。

岳飞及家族介绍

岳飞

　　岳飞，字鹏举，相州汤阴（今河南汤阴）人。他是南宋抗金将领、军事家，位列南宋"中兴四将"之首。他精通兵法，治军严明，主张北伐收复失地，保卫南宋疆土，却遭奸佞所害，被宋高宗以十二道金字牌召回朝，最终遇害于风波亭。岳飞留有词作《满江红》。其"精忠报国"的精神流传千古，成为中华民族爱国主义的重要象征。

岳氏家族

　　岳氏先祖可追溯至后周。岳飞之父岳和为人仗义疏财，每逢饥荒常开仓济民。岳母姚氏深明大义，以"精忠报国"刺字训子一事而闻名青史。岳氏家族成员多尚武，以忠勇传家，秉持着爱国、正直、勇敢的家风。岳飞胞弟岳翻、长子岳云皆战死沙场，用生命践行了家族的忠勇精神。

用良心写医书的人民守护者 李时珍

读书不治经生业，独好医书。

（出自《古今图书集成》）

译文

（李时珍）读书不致力于考取功名所需的经典学问，唯独喜好医书。

核心能力关键词：破局执行力

李时珍拥有"破局思维"。发现旧医书错误百出，他没有抱怨，而是打算直接"重写一本"。他遍历名山大川，尝遍百草，把"错误"一个个揪出来纠正。用现在的话说，这种用行动破局的"狠劲"，是真的大格局。

解读

这句话反映出李时珍对医学的坚守，以及他放弃科举仕途、专注于医学研究的选择。

在医学知识存在诸多谬误的时代，李时珍没有选择安逸的生活或追求功名，而是以强烈的责任感立志纠正错误，凭借强大的毅力编写出一部准确、实用的医药著作。他将个人理想与社会责任紧密结合，以"济世救人"为使命。

李时珍：

我希望一生济世救人

在湖北蕲州的小镇上，李家世代行医，悬壶济世，在当地享有极高的声誉。"药圣"李时珍就诞生于这个充满医学氛围的家庭。

李时珍自幼跟在父亲李言闻身后，随父亲穿梭于病患之间，目睹父亲用精湛的医术救死扶伤。每次出诊，李言闻都会详细询问病人的症状，诊断病情，无论病人贫穷还是富有，他都一视同仁，竭尽全力救治。李家深厚的家学与父亲的言传身教，让李时珍从小就立下了行医救人的志向。

然而在当时，医者的社会地位并不高，李言闻希望儿子能通过科举步入仕途，光耀门楣。但李时珍志不在此，屡次科举失利后，他终于鼓起勇气向父亲坦白了自己立志学医的决心。李言闻深知行医之路的艰辛，犹豫不决时，李时珍坚定不移地说："身如逆流船，心比铁石坚。望父全儿志，至死不怕难。"这番话深深地打动了李言闻，最终李言闻尊重了儿子的选择。

◆ 从那以后，李时珍不仅刻苦研读家中医书，更常深入深山老林采集草药。为了寻找珍稀的草药，他会跟着药农爬上陡峭的山坡；为了验证医书上的记载，他会亲自跟着猎户抓蛇，观察蛇身上的纹路。每一次实践，都让他对医学的理解更加深入。

◆ 但随着医学知识的不断积累，李时珍发现当时的古典医籍中存在诸多问题：许多药物的记载模糊不清，甚至存在错误，极易误导医生的诊断和用药。想到这些错误可能会危及许多病人的生命，李时珍心中涌起一股强烈的责任感。他决定编写一部全新的、准确无误的本草著作。

◆ 编写《本草纲目》的过程漫长而艰辛，李时珍花费了近三十年的时间，足迹遍布大江南北。每到一处，他都会深入当地的田野、山林，仔细观察各种草药的形态和生长环境。为了验证药效，哪怕面临中毒的危险，他也亲自试药。经过无数个日夜的努力，李时珍终于完成了医药巨著《本草纲目》，泽被后世。

◆ 李时珍的家风，是对医学的热爱，是对病人的责任感，是对信念的执着。这样的家风，不仅成就了一代名医，也将激励后人在追求理想的道路上勇往直前。

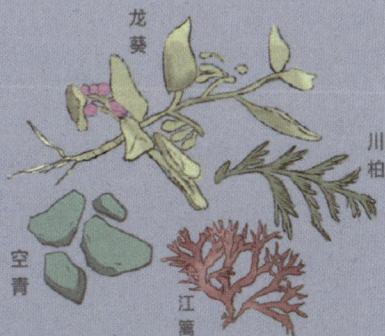

龙葵

川柏

空青

江蓠

李时珍及家族介绍

李时珍

李时珍，字东璧，号濒湖，蕲州（今湖北蕲春）人，明代著名医药学家。他与"医圣"万密斋齐名，民间自古便流传"万密斋的方，李时珍的药"之说。出身医药世家的他，继承家学，潜心钻研药物和脉学。李时珍广泛收集整理宋元以来民间新发现的药物，不断充实内容，历经二十七年艰辛，最终著成被誉为"东方医药巨典"的《本草纲目》。

苏州李氏

蕲州李氏家族世代从医，李时珍祖父李晓山是走街串巷的"铃医"，父亲李言闻是当地名医，曾任太医院吏目。李时珍继承祖志，成为一代名医。他的后代各怀志向，均在不同的领域有所成就。

重新定义"女性力量"的词人 李清照

生当作人杰，死亦为鬼雄。
至今思项羽，不肯过江东。

（出自《古今图书集成》）

译文

我们活着的时候，应当做人中豪杰，即便死了，也要成为鬼中的英雄。到现在，人们还在怀念项羽，原因是他不肯苟且偷生退回江东。

🔍 核心能力关键词：内心坚守力

李清照心里有一股难能可贵的韧性。金兵南下时，别人于慌乱中携财逃命，她却抱着丈夫的《金石录》。在她眼里，这些古籍比金银更珍贵。写作时，她不跟风写伤春悲秋，而是呐喊"生当作人杰"。这种智慧，就像现在的"软实力"竞争——用文化征服人心，守住中华文明。

解读

从这首诗中，可以深切地感受到李清照坚韧不拔的精神与民族气节，令人动容。身处颠沛流离的乱世，在国破家亡的境遇中，李清照仍拼尽全力守护多年收集的金石文物。她深知这些文物承载着国家的历史文化，因此在艰难的处境中仍竭力保护中华文化瑰宝，用行动诠释文化传承的使命。

李清照：我愿用余生守护国家文脉

李清照生活在文风昌盛的两宋之交，其父李格非博学多才、为人正直，是苏轼的得意门生。李家是书香门第，家中藏书丰富。平日里，李格非不仅在诗词歌赋方面指点女儿，更以言行将家族忠诚爱国、坚韧正直的家风深植其心。李清照在这样的环境中长大，自幼便心系国家的前途和命运。

北宋末年，国家内忧外患，朝廷内部党争不断，外部又面临着辽、金等政权的武力威胁。面对复杂的政治环境，李格非始终坚守气节，不肯与奸佞同流合污。即便后来被贬，他也从未改变自己的爱国之心和正直品格。父亲高尚的品格深深烙印在李清照的心中。潜移默化间，她亦成为李家忠诚正直家风的坚定传人。

"靖康之变"后，北宋灭亡。李清照被迫南渡，在颠沛流离的逃亡途中，她亲眼见到了山河破碎、百姓流离失所的惨状，写作风格发生了巨大的转变——从对闲适自在生活的记录，转为充满对国家命运的忧虑。李清照在《夏日绝句》中写道："生当作人杰，死亦为鬼雄。至今思项羽，不肯过江东。"这首荡气回肠的诗作，表面上是在怀念西楚霸王项羽，实则是在借古讽今，通过对项羽英雄气概的歌颂，来批判南宋朝廷偏安一隅、苟且偷生的懦弱行径。乱世之中，李清照勇敢地表达了自己深刻的爱国情怀和对民族气节的坚守。

　　在流亡途中，李清照和丈夫赵明诚竭力保护着他们收集的金石文物，即便生活陷入绝境，她面对官兵劫掠、土匪抢夺等艰难险阻，也从未想过变卖丢弃。李清照深知，这些文物承载着国家珍贵的历史文化，是中华民族精神的象征。保护好它们，就能守护国家的文脉生生不息。

　　面对生活的困境，李清照对国家的热爱和对民族气节的坚守却从未改变。她以笔为刃、以心明志，在乱世中展现出非凡的爱国情怀。章丘李氏一脉的忠魂风骨，亦如璀璨星辰，值得我们颂扬千古。

李清照及家族介绍

李清照

　　李清照，宋代女词人，婉约词派的代表人物，自号易安居士，齐州章丘（今山东济南）人。其父李格非为北宋著名学者，其夫赵明诚为金石学家。她早年生活优裕，与丈夫赵明诚共同致力于金石书画的搜集整理工作。"靖康之变"后流寓南方，词风从清新婉约转向沉郁悲怆。李清照提出词"别是一家"之说，反对以作诗文之法作词。其词善用白描，语言清丽，被后人誉为"千古第一才女"。

李氏家族

　　济南李氏为宋代颇负盛名的书香世家，家族成员在文学领域多有建树，其家风对李清照的文学创作产生了深远影响。李清照的父亲李格非是北宋进士，师从苏轼，为"苏门后四学士"之一，官至礼部员外郎，以博学工文著称；李清照的母亲王氏也家学深厚，知书达理且善诗文。李格非擅作散文，李清照为婉约词宗，父女二人的作品皆饱含政治关怀。

闪耀至今的"两弹一星"元勋 邓稼先

太上有立德，其次有立功，其次有立言，虽久不废，此之谓不朽。

（出自《左传·襄公二十四年》）

译文

人的最高境界是品德高尚，其次是建功立业，再次是留下传世之言。即使时间流逝也不会被磨灭，这就叫作"不朽"。

🔍核心能力关键词：沉默破局力

邓稼先的"沉默"中潜藏着大格局。在美国，他故意"藏"起自己的才华，只钻研核物理；回国后，他"藏"在戈壁滩，让西方"中国造不出原子弹"的断言不攻自破。他用二十八年隐姓埋名的经历证明：懂得把个人名利埋进土里，是多么难能可贵的沉默破局力。

解读

这句话是古代先贤所追求的人生理想和处世原则。"立德"强调德行高尚；"立功"强调为国家做贡献；"立言"强调为社会留下有益的思想学说。

中国物理学家、"两弹元勋"邓稼先无疑是践行"立德、立功、立言"理念的典范，成为无数后人学习的榜样。他隐姓埋名，默默奉献一生，不计个人得失，不追求名利，只为奉献给国家和人民。

47

邓稼先：

只管默默努力，为社会做实事

作为"两弹元勋"名垂青史的邓稼先，其非凡成就和传奇人生，离不开邓家淡泊名利、默默奉献的家风的滋养。

在邓稼先成才的过程中，其父亲邓以蛰对他的影响相当深远。邓以蛰作为现代著名的美学家，一生淡泊名利，潜心做学术研究。他常以"松风水月"四字自勉，认为做人当如松风般清朗，似水月般高洁。父亲这种高尚的品德深深地浸润着邓稼先的成长。

在父亲的影响下，邓稼先养成了沉稳内敛、默默努力的性格。他勤奋学习，立志用知识报效祖国。邓稼先二十四岁时远渡重洋赴美深造，很快就获得了物理学博士学位。当时，美国当局试图用优厚的科研条件和生活待遇挽留邓稼先，让他留在美国。可邓稼先心中只有祖国，他不顾阻挠，毅然决然地回到了祖国的怀抱。

回国后，邓稼先全身心投入原子核理论研究。1958 年，钱三强找到邓稼先，以"国家要放一个'大炮仗'"为由相询，问邓稼先是否愿意担此重任。邓稼先立刻领悟到，国家要开展原子弹研制工作，这与他科技报国的志向不谋而合。自此，邓稼先隐姓埋名，奔赴戈壁深处，在极端艰苦的环境中默默投身于核武器研制事业。

邓稼先一去就是几十年，因为是秘密任务，家人对他的工作知之甚少，他也从未向家人抱怨过工作的艰辛。在研究过程中，苏联终止了对中国的技术支援。邓稼先和他的团队面临着无数技术难题和核辐射的危险，始终坚守岗位，攻坚克难，从未退缩。

邓稼先曾说："研制核武器是中国人民的利益所在。国外对我们封锁，专家也撤走了，现在只有靠我们自己了。我们要甘心当一辈子无名英雄，还要吃苦担风险。但是，我们的工作能振我国威，振我军威！我们为这个事业献身是值得的！"他也有如此言，自始至终都在为我国的国防科技默默耕耘。

当两朵蘑菇云在荒凉的戈壁滩上升起，邓稼先的名字终于为世人所知，可名满天下后，他依然保持着那份淡泊的心境。他常常告诉儿女，要传承邓家默默奉献、淡泊名利的家风，为国家和社会做实事。

邓稼先及家族介绍

邓稼先

邓稼先，中国核物理学家，安徽怀宁（今属安庆）人。中国核武器理论研究工作的开拓者与奠基人之一，是中国核试验技术的主要组织者与领导者之一。领导完成中国第一颗原子弹的理论方案并参与指导核试验前的爆轰模拟试验，组织领导并亲自参与中国第一颗氢弹的研制与试验工作，被誉为中国的"两弹元勋"。1999年被中共中央、国务院、中央军委追授"两弹一星功勋奖章"。

邓氏家族

邓氏家族祖居铁砚山房。邓稼先的六世祖邓石如是清朝声名远扬的书法与篆刻大家。邓稼先的父亲邓以蛰是著名美学家，与宗白华并称"南宗北邓"，在美学界享有盛誉。

第三章
家风传承，教育之道

"以身作则"的教育实践者 孔子

不学礼，无以立。

（出自《论语·季氏篇》）

译文

如果不学习礼仪规范，就无法在社会上立足。

核心能力关键词：言传身教

孔子从不多言说教，而是以身为范。见老者行路不便，他默默搀扶；遇弱者困窘，他倾囊相助；对儿子孔鲤，他只淡淡提及"不学诗无以言，不学礼无以立"，便让孩子自行领悟。这种如春雨润物般的教化方式，让德行的种子在弟子心中悄然生长，最终长成中华文明的精神根系。由此可见，真正的教育，从来不是喋喋不休的训诫，而是无声却有力的示范。

解读

这句话体现了孔子对"礼"的重视。孔子一生都在传播和践行高尚的道德和礼仪观念。孔子认为，礼是自身修养和人际交往的基础，只有知礼、懂礼，才能赢得他人的尊重，在社会上有立足之地。

在当代，"礼"更是每个人的必修课。无论是个人发展，还是在家庭或职场中，知礼、懂礼、待人以礼都是不可或缺的行为准则。

孔子：
吾教"礼"，温和而严厉

　　孔子，这位在中国历史上熠熠生辉的教育先驱，其深邃的思想与卓越的教育理念，是永不熄灭的灯塔，照亮了我们前行的方向。孔子家族重视教育、崇尚礼仪的家风，历经千年传承，也深深镌刻在每一位华夏儿女的灵魂深处，以润物细无声的力量，影响着一代又一代人。

　　这样桃李满天下的教育家，自然也不会懈怠对子孙后代的教育。孔子对其子孔鲤的"过庭之训"，也成为传颂千古的孔门家训。

　　那是一个春日的清晨，孔子持卷立于庭中，宽大的素麻衣袖随风轻摆。年幼的孔鲤抱着书简，低着头，步履匆匆，正想要快速穿过庭院。此时，孔子那温和中带着几分威严的声音传来："伯鱼，且慢。近日可曾读《诗经》？"孔鲤心虚，低头回答："还没读过……"孔子长叹一声："不学《诗经》，就不懂得怎么说话。"孔鲤听了，很是惭愧："我这就回去学习。"回房后，孔鲤立刻捧起《诗经》刻苦攻读。

又一日，孔鲤如往常般快步从庭中走过。孔子叫住儿子，如上次一般耐心问道："伯鱼，近日学《礼记》了吗？"孔鲤被问得额头沁汗，在父亲渐趋严肃的目光中，低声回答："还没有学。"

孔子望着儿子，掩卷叹息："你不学礼，就不懂得将来能怎样立身啊！"孔鲤躬身作揖，感念父亲的教诲，攥紧了拳头，向父亲郑重承诺："这就回去学习！"

孔子的教育理念和家风，不仅深刻影响着他的子女与学生，更成为中华民族传统文化的瑰宝。我们可以从他的教育思想中汲取养分，传承重视教育、崇尚礼仪、注重品德修养的家风。

孔子及家族介绍

孔子

孔子，名丘，字仲尼，春秋时期鲁国陬邑（今山东曲阜）人，中国古代伟大的思想家、教育家，儒家学派的创始人。孔子及其弟子的言行被整理成《论语》，成为儒家的经典。孔子开创了私人讲学之风，被后世尊称为"至圣先师"，对中国文化和思想产生了深远的影响。

孔子嫡裔家族

孔子嫡裔家族世代定居山东曲阜。作为儒家文化的核心传承者，他们始终秉持并大力弘扬孔子的道德准则与教育理念。孔氏家族恪守"诗礼传家"的祖训，如子思、孔安国、孔尚任等杰出人物，皆继承家族文脉，在学术著述与思想传播等方面颇有建树，在文化、教育、政治等领域都有着重要的地位。

孟母

重塑孩子成长环境的智慧母亲

孟子生有淑质，夙丧其父，幼被慈母三迁之教。

（出自《孟子题辞》）

译文

孟子天生便有善良的品质，幼年时丧父，母亲三次迁居，悉心教育他。

核心能力关键词：对环境的洞察力

孟母曾三次迁居，她认为环境对孩子成长至关重要。当孟子倦怠学业时，她又以织布为喻，告诉孟子学习如同织布，一旦中断便前功尽弃。这种以环境引导孩子成长、以"狠招"点醒懈怠者的智慧，堪称古代"择校"与家庭教育的典范。

解读

"孟母三迁"是古代著名的教育典故之一。孟子的母亲三次迁居、断机教子，只为教育儿子成才。她不惜三次搬家，只为给孟子营造一个积极向上的学习环境。同时，她通过断机杼的举动，教导孟子学习不可半途而废，要持之以恒。

当下，不少新生代家长处在"教育焦虑"甚至"起跑线焦虑"中。父母希望及早为孩子创造完美的学习环境，这本无可厚非。孟母的教育之道，或许启示我们，好的教育是天赋、自身努力与环境的结合，三者缺一不可。

孟母：

三次迁居，为子计深远

在古代，有一位伟大的思想家——孟子，他的童年经历和成长故事，至今仍然是家庭教育的典范。

孟子自幼丧父，母亲独自承担起养育他的重任。孟母深知，良好的家风是孩子成长的基石，她用自己的智慧来教育孟子，为孟子树立了做人做事的榜样，培养了孟子高尚的品格。

孟母深知环境对一个人的成长有潜移默化的作用，非常重视居住环境对孩子的影响。孟子年幼时住在墓地附近，常常和邻居一起模仿送葬队伍的仪式，玩办丧事的游戏。孟母看到后，心中十分忧虑，她深知这样的环境会让孩子养成不良习惯，于是果断决定搬家。

后来，孟母又搬到了集市附近。但集市上嘈杂喧闹，商人们吆喝叫卖，孟子又开始模仿商人做生意的样子。孟母认为这种追逐利益的环境也不适合孩子成长，于是她毫不犹豫地再次搬家。

　　这次，孟母把家搬到了学堂附近。学堂里书声琅琅，学生们都在勤学苦读，孟子每天都能听到学生们读书的声音，看到学生们认真学习的模样。渐渐地，他也被这种氛围感染，开始变得勤奋好学，举止也变得彬彬有礼。孟母看到儿子的变化，欣慰地笑了。她知道，这次终于找对了地方。

　　除了注重环境的影响，孟母对孟子的学业要求也十分严格。有一次，孟子读书倦怠，早早地就回了家。孟母看到后，并没有直接责骂他，而是拿起剪刀，将她正在织的布剪断了，并语重心长地说："孩子，你读书就像我织布一样，要日积月累，不能半途而废。如果现在荒废学业，就像这被剪断的布一样，再也无法织成完整的布匹了。"孟子听后万分惭愧，从此更加勤奋刻苦地学习。

　　在孟母的悉心教导下，孟子最终成为一代大儒。他一生致力于传播儒家思想，为后世留下了宝贵的精神财富，而"孟母三迁""断织教子"的故事也成了千古传颂的家风典范。

孟子及家族介绍

亚圣

孟子

　　孟子，名轲，字子舆，邹（今山东邹城东南）国人，战国时期的思想家、政治家、教育家。他把孔子"仁"的观念发展为"仁政"学说，主张以德服人的"王道"，反对以力服人的"霸道"。他被认为是孔子学说的继承者，有"亚圣"之称。他提出"民贵君轻"说，其言论被辑为《孟子》。

孟氏家族

　　孟氏家族以孟轲为始祖，是鲁国庆父后裔。孟子三岁时父亲孟孙激（字公宜）便已去世，孟孙激是位怀才不遇的读书人，生前曾游学求仕，孟子由母亲仉（zhǎng）氏抚养成人。孟母以"孟母三迁""断织教子"等典故闻名，对孟子的成长影响深远。孟子家族人才辈出，据族谱记载，唐代诗人孟浩然是孟子的第33代孙，孟郊则被认为是孟子的第35代孙。

以严格规划成就人生的文学家 苏洵

吾欲子孙读书，不愿富。

（出自《昨非庵日纂》）

译文

我希望子孙多读书，不愿其经商谋财。

核心能力关键词：规划力

苏轼幼年跟随父亲苏洵读书时，采用"分段抄书法"：先抄写治国安邦之策，再记录人物生平事迹，最后摘录典章制度，经过三遍抄写，整本书便能烂熟于心。苏洵这种将长期目标拆解为日常行动，凭借踏实努力积累真才实学的方式，不仅让苏轼在困境中不断积蓄力量，跨越重重难关，也生动诠释了"行动是消除焦虑的良药"这一真谛。

解读

这句话展现了苏轼祖父苏序的教育理念，既体现出他对子孙后代的殷切期望，也反映了苏家深厚的读书传统。

苏轼天资聪颖，却从不恃才傲物。在苏氏一门好学的氛围中，在父亲苏洵以身作则的激励与教导下，他日复一日地研读经典、勤学苦读，最终厚积薄发，成为一代文豪。

这启示我们，拥有文学天赋固然非常幸运，但要想超越自我，抵达更高的境界，必须付出超越常人的努力。

苏洵：父母之教子，当从自身做起

北宋大文豪苏轼对后世的影响极为深远，他被人们尊为"文人领袖"。他的文学成就横跨诗、词、散文等多个领域，而这一切与眉山苏氏优良的家风传承息息相关。

苏轼出生于四川眉山，北宋时蜀地曾有民谣相传："眉山生三苏，草木尽皆枯。"这句话极言苏氏父子才情出众，仿佛占尽了眉山的灵气。《三字经》中亦有"苏老泉，二十七，始发愤，读书籍"的记载——苏轼的父亲苏洵年轻时不喜读书，整日在外游荡，直到二十七岁才幡然醒悟，开始用功读书，最终大器晚成。

苏洵深知勤学苦读的重要性，因此，他对子女的教育十分严格，特别注重以身作则，培养儿子们的勤学精神。他的夫人程氏亦悉心教导儿子们学识，夫妻二人的言传身教，共同构筑了眉山苏氏世代相传的优良家风。

苏家后院有一书斋，名为"南轩"。苏轼的祖父苏序曾于此购置了大量书籍，并亲自整理藏书。后来苏洵将书斋更名为"来凤轩"，苏氏父子常常在此地共同读书。

多年后，苏轼在《夜梦》一诗中回忆当时父亲带自己苦读的情形："夜梦嬉游童子如，父师检责惊走书。计功当毕《春秋》余，今乃始及桓庄初。怛然悔悟心不舒，起坐有如挂钩鱼。"诗中记述夜里梦见自己小时候贪玩，没有认真读书。按照原本的学习计划，他当应该读完《春秋》这部史书，却只读到桓公、庄公的部分。小苏轼内心惶恐焦急，十分担心父亲来检查自己的读书进度，感觉自己就像嘴里挂着鱼钩的小鱼一样不安。

尽管苏轼天资聪颖，少时难免有贪玩之心，但苏洵对其严加教导，更以自身"二十七始发愤"的经历，告诉儿子勤学苦读的重要性。因苏氏一门崇尚学问修养的门风，加上苏洵、程夫人的督促与教诲，苏轼在年少时便打下了深厚的文学基础，最终成为名垂千古的文坛巨匠。

苏轼及家族介绍

苏轼

苏轼，字子瞻，又字和仲，号铁冠道人、东坡居士，世称苏东坡、苏仙、坡仙。苏轼是眉州眉山（今四川眉山）人，北宋文学家、书法家、画家，也是历史治水名人。位列"唐宋八大家"之一。因其在文学领域的卓越成就，与其父苏洵、其弟苏辙并称"三苏"。

苏氏家族

眉山苏氏家族世系绵延，人丁兴旺，苏氏子弟大多博学多才。眉山苏氏自唐代眉州刺史苏味道起，至北宋苏洵、苏轼、苏辙父子时期达到鼎盛。"三苏"皆入唐宋八大家之列，荣居宋代蜀学之巅，其好学尚智的家风更流芳百世，成为中国文化史上的家族典范。

三苏

曾国藩

盖士人读书，第一要有志，第二要有识，第三要有恒。

（出自《曾国藩家书》）

译文

读书人求学问道，首先要立远大志向，其次要有广博的见识，最后要有持久的毅力。

核心能力关键词：耕读传家

曾国藩治家崇尚俭朴，家书屡屡叮嘱"衣破需补，食不逾四样"，自己更是衣物补丁叠补丁，袜子缝补后再穿。但他对读书极为看重，并坚信"富贵传家难久，耕读继世恒长"，以看似守拙的家规，将曾氏家族从普通农家培育为百年望族。这也说明，真正的家族传承，是用德行与学识筑牢根基。

解读

这一理念是清代名臣曾国藩读书治学的核心原则，对后世影响深远。他强调立志高远的重要性，注重知识的广泛汲取，并希望读书人拥有百折不挠的意志。

除了读书治学的观点，曾国藩还提倡清廉和节俭。这种将节俭与勤奋融为一体的家风，至今仍是指引人们前进的精神食粮。前者让我们在节俭中克制物欲，培养自律的品性；后者则强调天道酬勤的重要性，告诫我们要持之以恒，直到找到真正的自我价值。

曾国藩：

勤学有道传家远

　　曾国藩出身耕读世家，他的祖父曾玉屏晚年奋发，积累家业，鼓励子孙后代读书入仕。曾国藩深知良好家风对个人成长与家族兴衰的重要性，他一生致力于为家族树立典范，将自身言行和对家族成员的教诲记录在《曾国藩家书》中，这些内容不仅影响着曾氏一族，也为后世提供了有关治家修身的宝贵财富。

　　虽历经多年打拼得以攒下丰厚家资，曾国藩始终坚守生活简朴之道，亦严诫家人骄奢淫逸，坚守清廉之风。曾国藩认为，"居家之道，惟崇俭可以长久"。节俭不仅是一种优良的生活习惯，还是一种人生智慧。保持节俭朴素可以使人变得更加自律，避免因物质条件的诱惑而迷失人生的方向，使自己有限的生命变得更有价值。

除了教育子女保持生活作风上的节俭，曾国藩还十分注重培养子女勤奋刻苦的品格。他多次在家书中强调勤奋的重要性，令子女谨记"家俭则兴，人勤则健；能勤能俭，永不贫贱"的治家箴言。

为此，他立下"黎明则起"的家规，也督促家中子女早早起床，或读书习字，或从事劳作，不可懒怠。在学习上，曾国藩教育子女要持之以恒，认为"士人读书，第一要有志，第二要有识，第三要有恒"。他相信，只要保持恒心，就没有做不成的事情，并以自身为范——"每日楷书写日记，每日读史十页，每日记茶余偶谈二则，此三事者，未尝一日间断"。曾氏后人在他的影响下，将勤奋刻苦的家风传承至今。

在曾国藩的悉心栽培下，曾家后代人才辈出，在诸多领域发光发热。其子曾纪泽作为近代著名外交家，在伊犁问题的谈判中据理力争，维护了国家主权与尊严。光阴流转，曾国藩留下的家风始终在岁月长河里熠熠生辉。

曾国藩及家族介绍

曾国藩

　　曾国藩，原名子城，字伯涵，号涤生，湖南湘乡（今属湖南双峰）人。作为晚清重要政治家、军事家、文学家，他于道光年间考中进士，此后在动荡的时局中展现出非凡的才干与担当：组建湘军，镇压太平天国运动，力挽狂澜，维护了清政府的统治；主张学习西方技术，发起洋务运动，创办安庆内军械所等近代企业，成为推动中国近代化进程的重要先驱。因其卓越功勋与深远影响，曾国藩被誉为"晚清中兴四大名臣"之首。代表作《曾国藩家书》收录了约1500封书信，是其治家、治学之道的智慧结晶。

曾氏家族

　　湘乡曾氏是晚清颇具影响力的名门望族。家族以耕读传家，尤其重视对后代的教育与品德培养。家族代表人物曾国藩官至两江总督、直隶总督，其弟曾国荃等也在军事、政治领域颇有建树，在镇压太平天国运动中发挥了重要作用。家族后代人才辈出，在文化、科技等领域也多有成就，传承着曾国藩所倡导的家风，延续着曾氏家族的辉煌。

将教育融入生活的智者 陶行知

父之笃，兄弟睦，夫妻和，家之肥也。

（出自《礼记·礼运》）

▎译文

父子之间感情深厚、兄弟姐妹相处融洽、夫妻之间和睦，是家族兴盛繁荣的根本条件。

🔍 核心能力关键词：生活教育

在家中，陶行知与孩子一同耕作、观察自然，告诫子女读书的重要性。他将教育融入日常生活点滴，以尊重与体验代替频繁说教，让孩子在平等与实践中自主成长。最好的教育智慧，从来都在生活的烟火气中。

解读

这句话彰显了儒家"齐家"的核心理念：只有家庭和睦，社会才会和谐。

教育家陶行知始终将家庭视作孩子成长的第一课堂。这启示我们，父母要以身作则，悉心营造温暖的家庭氛围——毕竟，和谐的家庭关系是孩子健康成长的必要条件。

陶行知：

家人永远都在你身后

毛主席称陶行知为"伟大的人民教育家"。这位怀揣"捧着一颗心来，不带半根草去"的赤子之心的伟大教育家，一生都在为人民的教育事业鞠躬尽瘁。陶行知不仅为中国教育探寻新路，更将陶家和谐友爱的家风深植于血脉。

为了我国的教育事业，陶行知先生常常在外奔波忙碌，早出晚归。然而，无论工作多繁忙，他都会抽出时间陪伴家人。他深知，温暖健康的家庭氛围对孩子的成长十分重要。他的妻子汪纯宜是一位贤良淑德的女性，她不仅在生活上照顾家庭，更在精神上支持陶行知的事业。夫妻二人相互扶持，共同营造了一个充满爱的家庭环境。

陶行知和妻子共育有四个儿子，分别是陶宏、陶晓光、陶刚和陶城。在父亲的言传身教下，陶家兄弟四人始终相互尊重、团结一心、彼此关爱。

陶行知的次子陶晓光对无线电十分感兴趣。有一次，他在学业上遇到了瓶颈，甚至萌生了放弃的念头。大哥陶宏发现弟弟陷入低落情绪后，立刻主动找他谈心。陶宏耐心地给陶晓光讲述自己学习感光化学时遇到的困难，还分享了自己一步步克服这些困难的经验。他告诉弟弟："咱们是一家人，遇到困难不要自己扛，家人永远都在你身后。"

此后陶宏每天都会在繁杂的学业中抽出时间帮助弟弟：梳理复杂的电路图，讲解晦涩的电子原理，还把自己精心总结的学习方法毫无保留地分享给弟弟。在陶宏的鼓励与悉心帮助下，陶晓光逐渐找回了信心，继续在无线电领域深耕。陶宏则到中国科学院感光化学研究所攻克技术难关，成功研制出我国第一代彩色胶卷，成为中国感光化学学科的奠基人。

陶行知的孩子不仅在生活中团结友爱，还在国家危难之际同心共济、携手共进。抗战期间，陶行知的小儿子陶城在上海积极宣传抗日，其他兄弟虽然身处各地，但都在以各自的方式支持着他，用行动诠释着血脉相连的家国情怀与责任担当。

陶行知及家族介绍

陶行知

　　陶行知，原名文濬，后改知行，又改行知。安徽歙县人，中国近代著名教育家。其毕生致力于教育革新，历任南京高等师范学校教授、教务主任，东南大学教育科主任等职。1922年，他出任中华教育改进社总干事，推动平民教育运动。在教育理论层面，陶行知改造杜威实用主义教育学说，结合中国实际提出"生活即教育""社会即学校""教学做合一"等主张，构建起独具特色的"生活教育"思想体系，这一理论至今仍具深远的启示意义。

陶氏家族

　　歙县陶氏，祖籍浙江绍兴。陶行知的父亲陶位朝是一位乡村教师，母亲曹翠仂勤劳节俭，为人正直善良，父母给予陶行知许多质朴的品德教育。陶行知与妻子汪纯宜育有四子，他们在陶行知教育理念的熏陶下，在各自领域皆有所成。

第四章

向阳而生，豁达处世

颜之推

是以与善人居，如入芝兰之室，久而自芳也。

（出自《颜氏家训》）

译文

与品行高尚的人相处，就像进入充满芝兰香气的房间，时间久了，自己也会变得芬芳优雅。

核心能力关键词：社交能力

颜之推在北齐为官时，宁受排挤也不与贪腐之人为伍；流亡江南后，只和品德高洁的隐士、学者交往。他的交友之道质朴而深刻：远离消耗你的人，亲近滋养你的人。这种以德行筛选社交圈的方式极具智慧，毕竟真正的朋友如暗处的明灯，能照亮自己的人生之路。

解读

颜之推引用《孔子家语》中的典故，告诫子孙要选择良好的社交环境，要与善良、正直、有修养的人相处。从另一个角度说，我们自己也要努力成为"芝兰"般高尚的人，用自己的良言善行影响身边的人，共同创造一个更加美好的世界。

回望颜之推的一生，他坚守道德底线，不为名利折腰，同时告诫后人要耐心等待时机到来，藏器待时，不急于求成。

颜之推：

多与贤者交往，努力提升自己

南北朝时期，颜之推在颜氏一门优良的家风熏陶下，写出了被誉为"古今家训之祖"的《颜氏家训》，开创了后世传家训的先河。作为家族的中流砥柱，颜之推以这部家训为准则，悉心教导子孙。

一个阳光明媚的午后，年幼的颜师古正在庭院中玩耍，一旁的颜之推看着孙儿，眼中满是慈爱。此时，颜之推的好友恰好来访，这位友人在学问和品德上都备受赞誉，是当时有名的贤者。

颜之推赶忙招呼颜师古过来，向他介绍这位客人，并教导他："师古，你看这位长辈，他学问渊博，德高望重，这就是我们要敬仰、学习的贤者。你年纪还小，性情未定，祖父希望你多与这样的贤者交往，这就像进入兰之室一样，时间久了，你自然也会受到他的熏陶，修得一身君子之风。"

颜师古虽然年幼，却已将祖父所著的《颜氏家训》烂熟于心。他点点头，向颜之推作揖："祖父，孙儿明白，这便是您常说的'与善人居，如入芝兰之室，久而自芳也'。"从那以后，颜师古便十分留意与贤者交流学习，践行孔子所说的"见贤思齐焉"，努力提升自身的学识与品德。

又有一次，颜家来了一位官员，他带着珍贵的礼物，请求颜之推为他办一些违背原则的事情，颜之推果断地拒绝了。客人走后，颜之推把孙子叫到跟前，语重心长地对他说："师古，君子当守道崇德，你以后若为官，千万不可为了一时的利益，就阿谀奉承、不择手段。另外，不要与品德低下的人过多相处，那就像进入满是鲍鱼的店铺一样，时间一长，你自己也会变得腥臭。"

颜师古又想起家训中的"君子当守道崇德，蓄价待时""与恶人居，如入鲍鱼之肆，久而自臭也"等教诲，他牢牢地记住了祖父的话，深刻理解了其中的道理。这为他在日后的为官生涯中始终坚守正道奠定了基础。

此后，颜师古一生以《颜氏家训》为准则，将精力投入自我修养与学问精进中，时刻践行着颜氏家风，并将其代代传承。

颜之推及家族介绍

颜之推

　　颜之推,字介,琅琊临沂(今属山东)人,北齐文学家、音韵训诂学家。他一生经历四个动乱的朝代,目睹当时士大夫子弟的无能及士族教育的腐败,认为教育必须改革,才能为国家培养有用人才。他将自己亲身见闻及立身、治家、处世的道理写成《颜氏家训》,旨在从书中的谆谆教诲中警醒子弟。

颜氏家族

　　临沂颜氏以儒学传家,世代为官。颜之推的祖父颜见远是南齐官员,父亲颜协是南梁官员,家族历来以儒学为业,重视教育。颜之推的长子颜思鲁精于文字音韵,继承了家学。颜思鲁的儿子颜师古是唐代著名的儒学大师、训诂学家,曾奉唐太宗之命撰修《五经定本》。

王羲之

则其所能，盖亦以精力自致者，非天成也。

（出自《墨池记》）

♪译文

他（王羲之）能够有这种成就，大概也是凭借努力获得的，并非天生就成就的。

✑核心能力关键词：专注力

王羲之练书法，每日写尽十筐纸，终成"飘若浮云，矫若惊龙"的行书典范。他为人亦如作书，不慕权贵，坚守本心，从不逢迎世俗。这种以长期主义心态积淀实力、以单纯的心性面对世界的活法，为我们提供了一份宝贵的生存范本。

解读

这句话是曾巩对王羲之书法成就的评价，强调了后天努力和勤学苦练才能成就事业。

王羲之不仅是一位书法大家，更是一位注重品德修养和教育方法的长者。他深知，书法技艺的精进并非一朝一夕之功，而是需要持之以恒地勤奋练习。其子王献之在父亲的教导下，历经多年苦练，最终成为一代书法大家。这告诉我们，勤奋与坚持才是成功的基石。

王羲之：

学习需要苦练积累

东晋时期，书法不仅是文人雅士的书案之好，更是各大世家传承文化的重要载体，而王家府邸便终日萦绕着浓厚的墨香。

王羲之的幼子王献之受父亲影响，从小对书法兴趣浓厚。一日，王献之在书房练字，看着写满的纸张，他心中很是得意，觉得自己的字和父亲的字相差无几。于是，他拿着自己的得意之作向父亲请教。

对儿子的书法，王羲之心有期待，却没有降低严苛标准。他目光如炬，仔细端详着王献之写下的每一个笔画、每一处字形结构。看了良久，王羲之才告诉他，其字没有筋骨，缺少神韵，还需多多练习。王献之焦急地向父亲询问练字的诀窍，王羲之不语，只说："吾儿若问何窍门？劝儿练尽缸中水。"

院中摆放着十八口大缸，可供王家子弟练习书法后涮笔洗砚。王羲之指着那十八口大缸，对儿子谆谆教诲："书法之道，在于心手相应，唯有经过日积月累的苦练，才能提升境界。昔日卫夫人教导我时，也曾反复强调，学书法需勤奋，不可有丝毫懈怠。你要继续勤奋练字，等你将这十八缸水用完，笔下的字就会有筋骨与神韵了。"

听完父亲的教诲，王献之暗下决心，定要像父亲一样，练就一手绝世好字。此后寒来暑往，王献之不知疲倦地练字，他的手指磨出了厚厚的茧，毛笔用秃了一支又一支。

终于，多年的努力有了回报。王献之的书法有了质的飞跃，他的字笔画刚劲有力，结构疏密得当，既有父亲飘逸洒脱的特色，又融入了自己独特的风格。

在王羲之严谨认真、追求卓越的家风熏陶下，王家子孙在书法之道上群星闪耀：王徽之笔势跌宕、意趣超然，王操之笔法稳健、气韵平和，二人皆在书法史上留下了属于自己的印记。值得称道的是，王家子孙在为人处世方面也备受赞誉，成为中国历史上家风传承的典范。

王羲之及家族介绍

书 圣

王羲之，字逸少，号澹斋，会稽（今浙江绍兴）人，祖籍琅琊（今山东临沂）。他是东晋时期著名书法家，有"书圣"之称。曾任右军将军，世称"王右军"。王羲之的代表作有《黄庭经》《乐毅论》等，草书有《十七帖》，行书有《快雪时晴帖》《丧乱帖》，其中《兰亭集序》被誉为"天下第一行书"。

王氏家族

琅琊王氏是中国历史上著名的世家大族之一，其始祖为战国时期秦国名将王翦的曾孙王元。琅琊王氏在东汉、魏晋时期便已崛起，成为显赫士族。东晋时期，琅琊王氏达到鼎盛，当时有"王与马，共天下"之说，其家族成员王导、王敦等在朝中权倾一时。琅琊王氏在书法方面成就卓越。王羲之被誉为"书圣"，其子王献之也以书法闻名，父子并称"二王"，成为中国书法史上的传奇。

杜甫

安得广厦千万间，大庇天下寒士俱欢颜！风雨不动安如山。

（出自《茅屋为秋风所破歌》）

♪译文

如何能得到千万间宽敞的房屋，庇护天底下贫寒的人，让他们喜笑颜开。房屋像山一样岿然不动，风雨也无法动摇它。

🔍核心能力关键词：共情力

杜甫一生颠沛，历经困苦，却写下"安得广厦千万间，大庇天下寒士俱欢颜"的千古名句。他的坚韧，在于将个人的悲苦升华为对苍生的悲悯。这种深藏于内心的生命力量，无数次感动世人，原来真正的强者，从来无惧命运的捉弄。

解读

这首诗是杜甫在四川成都草堂期间创作的，写的是茅屋被秋风吹毁的辛酸经历，体现了诗人忧国忧民的情怀。

北宋大文豪苏轼曾评价杜甫"一饭未尝忘君"。杜甫一生历尽坎坷，即便身处逆境，他也从未放弃对国家、人民的关怀以及对自身文学理想的追求，始终坚持文学创作，留下了大量传世佳作。这启示我们，在面对生活中的挑战时，要始终坚守内心的信念与理想，不随波逐流，培养坚韧不拔的意志。

杜甫：历经苦难仍坚韧不屈

　　杜甫被尊称为"诗圣"，其人其诗流芳千古。他一生历经坎坷，却始终如一地坚守着自己的理想信念。

　　杜甫出生在一个有着深厚文化底蕴的儒学世家，他曾在《进雕赋表》中追述他的家庭传统："奉儒守官，未坠素业矣。"杜甫家族几乎世代为官，他们始终坚守文人的风骨，奉行"修身、齐家、治国、平天下"的儒学传统。这种家风的熏陶，让杜甫从小就立下了"致君尧舜上，再使风俗淳"的远大志向，他渴望通过自己的才学，为国家和百姓贡献力量。

　　青年时代的杜甫登临泰山，留下了"会当凌绝顶，一览众山小"的豪言壮语。他读万卷书，行万里路，结识志同道合的朋友，畅想着自己在朝中为国计民生建言献策。然而，杜甫的求官之路异常艰辛。

天宝六载，唐玄宗下令召集天下有才之士进京赶考。当时，宰相李林甫专权，闭塞言路，排斥贤才，他向皇帝表奏："天子圣明，野无遗贤。"杜甫多次参加科举考试，却屡屡受挫。他困守长安十年，四处干谒权贵，却始终不受重用，这使他长期处于贫困潦倒的境地。

安史之乱爆发，社会动荡不安，百姓流离失所，杜甫也被迫踏上颠沛流离的逃难之路。一路上，他目睹了战争的残酷和底层百姓的苦难，这些经历让他的内心充满痛苦，却也坚定了他忧国忧民的信念。

在这段艰难的岁月里，杜甫始终没有放下手中的笔，他依旧秉持着"安得广厦千万间，大庇天下寒士俱欢颜"的仁心，写下了一首首反映社会现实的诗篇，如著名的《三吏》《三别》，抒发了对国家命运的担忧和对人民的深切同情。

今天，当我们再次读到杜甫的诗句，于平仄对仗之处，不仅窥见诗人内心所想，更见证一个伟大的灵魂如何饱经苦难却始终坚毅不屈。

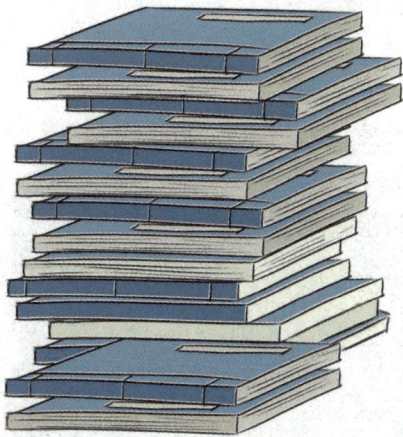

●杜甫及家族介绍●

杜甫

　　杜甫,字子美,自号少陵野老。祖籍襄阳(今属湖北),自其曾祖时迁居巩县(今河南巩义)。唐代诗人,被誉为"诗圣"。他与李白齐名,世称"李杜",寓居长安(今陕西西安)近十年,生活艰苦,对社会状况有较深的认识。其诗大胆揭露当时的社会矛盾,对穷苦人民寄予深切同情,被后人称为"诗史"。诗风沉郁顿挫,语言精练,有《杜工部集》传世。

杜氏家族

　　京兆杜氏渊源深厚,西晋名将杜预乃其先祖。杜甫的祖父杜审言是唐初著名诗人,与李峤、崔融、苏味道并称"文章四友",他的诗才受到武则天的赏识。杜家"奉儒守官,未坠素业"的家风对杜甫的文学创作产生了深远影响。

李白

天生我材必有用，千金散尽还复来。

（出自《将进酒》）

译文

上天赋予我卓越的才能，必定是有用的。就算散尽千两黄金，也能凭借自身努力再次获得。

核心能力关键词：情绪转化力

李白仕途失意，反而"仰天大笑出门去"。他蔑视权贵、随性洒脱，以"天生我材必有用"的自信对抗世间不公。这种"不困于功名，不羁于世俗"的生活态度，滋养着无数中国人的精神世界：人生不过几十年，不妨活得恣意些、痛快些。

解读

李白用这句诗劝勉自己，不必痛苦沉沦，即便身处逆境，也会迎来柳暗花明的那天。诗句体现了李白洒脱乐观的态度，强调我们每个人都有自己的价值，即使面对困境，也要保持积极的心态。

如今，人们常常会面临各种压力和挫折，很容易因迷茫和消极而困扰。但是，即使在逆境中，也要保持乐观的心态，不被外界的困难吓倒，同时用"长风破浪会有时，直挂云帆济沧海"的精神鼓励自己，坚持自己的理想。

李白：保持内心的从容洒脱

在大唐盛世，有这样一位伟大的诗人，杜甫赞他"笔落惊风雨，诗成泣鬼神"，余光中称他"酒入豪肠，七分酿成了月光，余下的三分啸成剑气，绣口一吐，就半个盛唐"。他乐观旷达、洒脱不羁，在中国文学史上永远留下了"诗仙"的美誉。

李白自幼聪慧，五岁诵六甲，十岁观百家。其父李客为人放荡不羁，他常教导儿子不可拘泥于世俗的规矩，要保持内心的从容洒脱。或许是在父亲的言传身教下，李白养成了豪放不羁的性格。

长大后，怀着对广阔天地的向往和满怀抱负，李白出蜀漫游，踏上了仕途。他四处游历，广结好友，干谒权贵，想要通过引荐入朝为官，实现自己的政治抱负。然而，他始终未能实现自己的理想。多次碰壁后，李白虽心中失落，但他并未因此消沉，而是醉心于山水之间，藏器待时。

终于，李白的诗名远扬，他也因此得到了唐玄宗的召见。他满心欢喜地写下"仰天大笑出门去，我辈岂是蓬蒿人"，告别妻儿，奔赴长安。这一去，李白打算在政坛上大展宏图，实现"使寰区大定，海县清一"的理想。李白因其不俗的诗才，很快便得到了唐玄宗的赏识，被任命为翰林供奉，春风得意。

　　但在当时，权贵们钩心斗角，阿谀奉承之风盛行。李白虽身处其中，却无法忍受"摧眉折腰事权贵"的生活，始终不愿与之同流合污，不屑于参与他们的明争暗斗。最终，李白遭人诋毁，唐玄宗听信谗言，将李白赐金放还。

　　最终，李白毅然决然地离开了长安。这一回，他的人生陷入低谷，可他骨子里的乐观旷达与坚持自我的精神，却从未改变。

　　李白渴望在仕途上有所作为，实现自己的理想，但残酷的现实却让他感到无比压抑。在潦倒失意中，李白的内心也有过"拔剑四顾心茫然"的挣扎。然而，李白没有长久地沉湎于失败的痛苦之中，他在诗篇的末尾忽而激昂，振臂大呼："长风破浪会有时，直挂云帆济沧海。"

　　此后，李白游历四方，留下了许多脍炙人口的诗篇。他以"天生我材必有用，千金散尽还复来"的乐观精神，照亮了无数在困境中挣扎的世人。

李白及家族介绍

李白

　　李白，字太白，号青莲居士，唐朝伟大的浪漫主义诗人，被后人誉为"诗仙"。他自称祖籍陇西成纪（今甘肃秦安），少有逸才，志气宏放，飘然有超世之心。爱饮酒作诗，喜交友。李白渴望入仕一展抱负，却历尽坎坷，始终未受重用。其诗歌风格雄奇奔放、俊逸清新，富有浪漫主义精神。代表作有《望庐山瀑布》《行路难》《蜀道难》《将进酒》等。

李氏家族

　　陇西李氏家族充满着自由奔放与开拓进取的家风。父亲李客自幼重视对李白的教养，让李白研习经典、博览群书，还鼓励他学剑强身、远游四方。这种兼容并蓄的教育方式铸就了李白坚韧、洒脱的性格，更让他得以饱览山川、广交名士，最终为其豪放洒脱的诗风奠定了文化根基。

丰子恺

永葆童真的生活艺术家

大人者，不失其赤子之心者也。

（出自《孟子·离娄下》）

译文

有修养的人，是不会丧失其婴儿般单纯善良之心的人。

🔍 核心能力关键词：返璞归真

丰子恺擅长以漫画描绘孩童世界。年逾五旬，他仍能陪孩子们观察蚂蚁，以孩童的眼光看世界。这种以童真对抗世故、以单纯化解复杂的处世智慧，教会我们在不安和迷茫中安顿内心——心中有童真，眼中有美好，生活便有诗意。

解读

孟子用这句话强调，保持内心纯真是成为一个有德行、有修养的人的关键。丰子恺曾在文章中引用这句话，借此表达自己纯真自然的童心。

丰子恺以赤子之心观照世间万物，即使人生历经波折，他也始终保持正直为人、认真处事、宽厚待人的品格，以温润的笔墨勾勒生活的本真意趣。这启示我们，保持纯净的内心，保持对生活的热爱，才是人生的真谛。

丰子恺：一颗童心看世界

漫画大师丰子恺九岁时，其父便撒手人寰，其母钟云芳含辛茹苦将他养大。母亲的慈爱与宽厚，是丰子恺儿时最温暖的记忆。

母亲不仅仅在生活中照顾丰子恺，更在一日日的言传身教中，给他以品德上的熏陶。母亲待人接物温和宽厚，哪怕面对繁杂事务，也极少动怒。在母亲的教养下，丰子恺在成年后也始终保持着一颗赤子之心，保持着对生活的热爱，他的画作与文字也因此显得格外淳朴而真挚。

当然，母亲也有严厉的一面。她严格要求自己，将店铺生意、日常琐事安排得井井有条，为孩子树立了良好的榜样。她常常教导丰子恺，做事要严谨认真、一丝不苟，做人要堂堂正正。

在母亲的耳濡目染下，丰子恺将这些为人处世的优良品质融入自己的家风中。他教导子女要"先器识，后文艺"。他认为，要先做善良正直的人，然后才可以谈学问、谈艺术。正直、坦率的品格才是为人处世的根本要素，而学问与艺术只是外在表现。

其次，丰子恺还继承并发扬了自家认真做人、做事的家风。他告诫子女："人来到这个世界不仅仅是为了吃饭。"丰子恺用了四十五年创作《护生画集》，这期间他历经磨难，却从未懈怠，凝聚无数心血于笔端，踏踏实实地完成画集。丰子恺这种踏实认真、精益求精的态度，也感染着家中后辈。

保持童心，正直为人，认真处事，宽厚待人，这是丰子恺对子女的谆谆教诲，也是他坚守一生的信条。他用一颗仁爱之心对待世界、对待家人，用赤子之心对待艺术，而这份家风也在丰氏子孙中代代传承。

丰子恺及家族介绍

丰子恺

丰子恺，浙江桐乡石门镇人，中国现代画家、散文家、音乐教育家。早年师从李叔同、夏丏尊，融通中西艺术，以"漫画"开创新风，其作品简朴率真，常以儿童视角观照世态，代表作有《护生画集》《子恺漫画》，传递了人文关怀与佛学哲思。

丰氏家族

石门丰氏世居浙江桐乡石门，为书香门第。父丰鐄为清末举人，设塾授徒，奠定家学根基。母钟云芳温良贤淑，启蒙了丰子恺的艺术感知力。孙辈丰羽等延续家学，推动"子恺艺术"研究。丰家以"真率"为训，将艺术、教育与家国情怀融为一体。

以兴趣驱动成长的开明家长 梁启超

我每历若干时候，趣味转过新方面，便觉得像换个新生命，如朝旭升天，如新荷出水，我自觉这种生活是极可爱的，极有价值的。

（出自《梁启超家书》）

🔍 核心能力关键词：因势利导

梁启超教子主张"趣为学先"，女儿梁思顺爱诗词，他便亲授《诗经》；儿子梁思成迷建筑，他寄来海外建筑图册；幼子梁思礼想学航天，他欣然支持。他本人更是"趣味至上"，逛博物馆时，见一幅古画竟如孩童般雀跃。这种教育方式开明又充满智慧，让子女在快乐中探索真知，拥有最持久的学习动力。

解读

20 世纪 20 年代，梁启超在给孩子们的信中如此写道。从这段话中，我们可以看出梁启超对生活趣味的不懈追求，体现出他积极且富有活力的生活态度，同时也给人以启示：我们应当活在当下，体验生活的不同趣味，提升生命的价值。

在家庭中，梁启超也始终尊重子女的兴趣爱好，并引导他们保持乐观心态。他觉得，兴趣是最好的老师，热爱能激发孩子无尽的潜能；而乐观则是面对人生风雨时最好的朋友。

梁启超：
要常常生活于趣味之中

梁启超不仅是中国近代著名的思想家和教育家，更是一位出色的父亲。在他的影响下，梁家成就了"一门三院士，九子皆才俊"的佳话。梁启超深知，教育的真谛不仅在于严格要求，还在于尊重孩子的兴趣，同时培养他们的抗挫折能力。

梁启超主张趣味主义，他常说："凡人必常常生活于趣味之中，生活才有价值。"梁启超从来不是一位专横的家长，他懂得尊重每个孩子的独立个性，并做到因材施教。在培养子女兴趣方面，梁启超堪称典范。他从不强求子女按照他的意愿行事，而是鼓励子女广泛涉猎，去探索他们真正热爱的领域。

梁启超的次女梁思庄在加拿大留学时，梁启超曾建议她选择生物学。梁思庄听取了父亲的建议，然而，在认真学习后，她发现自己对生物学缺乏兴趣，渐渐感到吃力。得知这一情况后，梁启超立刻写信给梁思庄，鼓励女儿根据自己的兴趣选择专业。最终，梁思庄改学图书馆学，并成为我国著名的图书馆学家。

梁启超深知，面对挫折是成长的必修课，便格外注重培养孩子的乐观精神。他曾在演讲中说："什么悲观咧，厌世咧，这种字眼，我所用的字典里头，可以说完全没有。我所做的事，常常失败——严格地可以说没有一件不失败——然而我总是一面失败一面做，因为我不但在成功里头感觉趣味，就在失败里头也感觉趣味。"

作为戊戌变法的领导者，梁启超在坚持救国救民的路上遭遇过众多挫折，然而他始终保持着乐观的心态，他也希望子女们能时时保持积极向上的态度，不被困难打倒。

1923年5月，梁启超的儿子梁思成不幸遭遇车祸，左腿骨折，伤势严重。梁启超得知后，不仅关心儿子的身体健康，更担心他会一蹶不振，从此失去对生活的信心。于是，梁启超写信安慰儿子"万不可因此着急失望，招精神上之萎馁"，并劝儿子利用住院休养的时间，温习诵读《论语》《孟子》等国学经典，修身养性。

在梁启超的教育下，梁家子女在各自的领域皆有所成，并拥有坚韧不拔、乐观向上的品格。

梁启超及家族介绍

梁启超

梁启超，字卓如，号任公，又号饮冰室主人，广东新会人。他是中国近代维新派领袖、学者，清光绪年间举人。梁启超与其师康有为倡导变法维新，并称"康梁"。晚年他在清华学校（今清华大学）讲学，一生著述颇丰，有《饮冰室合集》，后辑有《梁启超全集》。

梁氏家族

新会梁氏家学渊源深厚，重视子女教育。梁启超有九位子女，其中梁思成、梁思永、梁思礼三人为院士，其他六人也在各领域有所建树：诗词研究专家梁思顺、曾就读于西点军校的梁思忠、图书馆学家梁思庄、经济学家梁思达、社会活动家梁思懿、革命军人梁思宁。

第五章

创新突破，敢为人先

鲁班

天下难事，必作于易；天下大事，必作于细。

（出自《道德经·第六十三章》）

译文

世间复杂的难题总要从简单的地方入手；宏大的事业，必定要从细微处做起。

核心能力关键词：细节观察力

鲁班的创新皆源于对生活的认真观察：从自然现象中找启示，从实际需求中寻突破。这种"于细微处见智慧，在问题中找答案"的思维方式，让他从普通工匠成为"百工祖师"。也就是说，创新从不神秘，关键在于保持对世界的好奇与思考。

解读

老子的这句话启示我们，唯有注重细节，才能破解难题，成就大事，而创新往往也藏在对生活细节的关注和思考中。

木工鼻祖鲁班便是典型例证：他凭借对生活细致入微的观察，从野草叶子边缘的锯齿上获得灵感，发明了锯子。这种对生活现象的敏锐洞察力，正是创新的根基所在。

鲁班：细心观察生活的每一处

鲁班出生在一个工匠世家，自幼便对父亲手中的木工活充满好奇。家中的工坊里，摆满了各式各样的工具和木材，每当父亲开工时，空气中便弥漫着淡淡的木屑香气，这成为他童年记忆中的独特气息。

年少时，鲁班随父亲做工。耳濡目染中，鲁班逐渐掌握了生产技艺，更在日积月累中积累了丰富的实践经验，这些都为他后期的精巧发明奠定了基础。

要做好木工，不仅要有熟练的手艺，还要有敏锐的观察力和勇于创新的精神。随着年龄的增长，鲁班对工匠行业的热爱愈发深厚。他逐渐不满足于传统的木工技艺，总是尝试用新的方法来提高工作效率。

有一次，他接到了建造大型宫殿的任务，工程需要大量木材，而完成时限却很紧迫。鲁班带着弟子上山砍伐木材，但当时的生产工具有限，他们只能用笨重的斧头一点点劈砍。这样砍出来的木材切口歪歪扭扭，而且每砍一下都十分费力，人累得精疲力竭，效率却依旧低下。于是，鲁班放下斧头，陷入了沉思，他暗暗下定决心：一定要制作一把方便伐木的工具。

一天，鲁班上山寻找合适的木材。山路崎岖难行，他小心翼翼地攀爬着。突然，他的手被一种野草的叶子划破了，鲜血瞬间渗了出来。但鲁班顾不上处理伤口，他的注意力全被那片神奇的叶子吸引住了。

原来，那片叶子的边缘生有许多锋利的小细齿，他的手就是被这些小齿轻易划破的。这个发现令他万分激动，他想，如果把这些小齿的结构应用到切割工具上，会不会提高切割效率呢?

回到家后，鲁班立刻模仿带齿野草叶子的形状，制作出了流传至今的锯子。锯子的发明，大大提高了木工的工作效率，也让鲁班在工匠界声名远扬。

后来，鲁班还发明了许多实用的工具，如墨斗、曲尺等。每一项发明，都源于他对生活的细心观察和对创新的不懈追求。在他的影响下，善于观察、敢于创新的家风代代相传。

鲁班及家族介绍

鲁班

　　鲁班，相传氏公输，名般，亦作班、盘，或称"公输子""班输"。他是春秋时期鲁国人，故通称"鲁班"或"鲁盘"。鲁班是中国杰出的古代建筑工匠，曾创造攻城的云梯和磨粉的砻，相传鲁班发明了许多种木作工具，极大地推动了古代手工业的发展。作为中国工匠的标志性人物，鲁班被后世建筑工匠、木匠尊为"祖师"。其形象早已超越个体，成为古代劳动人民智慧的象征。

鲁国公输氏

　　鲁国公输氏是传承数代的工匠世家，在木器制作与建筑工艺领域造诣深厚。至春秋战国时期，公输氏的技艺达到巅峰，诸侯王府邸乃至皇宫的建造都有他们参与的身影。在这种环境中成长的鲁班，自幼便对木工产生了浓厚兴趣，凭借天赋与努力，熟练掌握传统木工技法，还发明了锯子、墨斗、曲尺等工具。

用实证精神挑战权威的科学家 祖冲之

知之者不如好之者，好之者不如乐之者。

（出自《论语·雍也》）

译文

知道学习的人不如爱学习的人，爱学习的人比不上以学为乐的人。

核心能力关键词：自主创新力

有人质疑祖冲之造指南车"徒劳无功"，他却闭门钻研半年，以铜齿轮为核心，制成无论车身如何转动，木人始终指南的神器。这种不盲从、只相信实证的科学态度，正是敢于打破权威、追求真理的勇气。毕竟真正的进步，往往始于对既有认知的质疑。

解读

孔子的这句话提出了知之、好之、乐之学习的三种境界，强调学习要有乐趣，鼓励人们以探索的态度面对未知的世界。

数学家祖冲之的祖父（祖昌）教子时便十分尊重孩子的兴趣和天赋，倡导因材施教。这启示我们，每个人都有独特的兴趣和潜力，应勇敢追求自己的热爱，而不是盲目迎合他人期望。

祖冲之：全力找到自己的热爱

祖冲之出身于南朝时期颇有名望的祖氏家族，他的祖父祖昌任朝廷的大匠卿，执掌土木工程。祖昌不仅是一位优秀的工匠，还是一位温和包容的家长。

祖冲之自幼聪慧，但对传统的经史子集却没有兴趣。他的父亲祖朔之希望他能背诵经典，因此对他严加管教，时常责骂他不用功读书。然而，越是被逼迫，祖冲之越是对经书提不起兴趣，甚至赌气说自己不读了。祖朔之因此大发雷霆，祖冲之委屈地躲在角落里默默流泪。

祖昌温和地安慰祖冲之不要难过，每个人都有自己的天赋和兴趣，读经书并非唯一的出路。接着，又告诫祖朔之，为人父母，尽量不要以单一的标准来逼迫孩子。他知道，一个人虽不喜读经，但说不定在别的领域有天赋。

从那以后，祖昌便格外留意祖冲之的喜好。他时常带着祖冲之去参观工程现场，每当这时，祖冲之就会被那些宏大的建筑、精密的测量工具吸引，眼中闪烁着好奇的光芒。对天文历法相关的事物，祖冲之更是痴迷不已。

祖昌意识到，这便是祖冲之的兴趣所在。于是，他带着祖冲之拜访了当时著名的天文学家何承天，并为祖冲之搜集了许多天文历法方面的书籍。在祖昌的支持下，祖冲之沉浸在天文知识的海洋中，潜心探索。

多年后，祖冲之在天文历法和数学领域取得了举世瞩目的成就。他将圆周率精确到小数点后第七位，编制出了当时最先进的《大明历》。而这一切成就的背后，都离不开祖昌因材施教、尊重兴趣的家风。正是这样的家庭氛围，让祖冲之能够在自己热爱的领域中发光发热。

祖冲之及家族介绍

祖冲之

　　祖冲之，字文远，生于丹阳郡建康县（今江苏南京），祖籍范阳逎县（今河北涞水），他是南北朝时期杰出的数学家和天文学家。他曾为《九章算术》作注，并撰写著作《缀术》，可惜两书均已失传。祖冲之擅长算术，推算出圆周率的值在3.1415926与3.1415927之间，这一成果领先世界约千年。他还制定了《大明历》，首次将"岁差"概念引入历法计算，使日月运行周期的数据比以前的历法更为准确。

范阳祖氏家族

　　范阳祖氏家族世代精研历法，家学积淀深厚。祖冲之的祖父祖昌曾任刘宋大匠卿，营造之术造诣颇深。父亲祖朔之学识渊博，博闻强识。在这样的家庭环境中，祖冲之自幼受到良好的教育，尤其对自然科学、天文历法和数学产生了浓厚兴趣。

郑板桥

在世俗中坚守
自我的书画巨匠

一片绿阴如洗，护竹何劳荆杞？
仍将竹做篱笆，求人不如求己。

（出自《篱竹》）

译文

竹下洒下一片清凉绿荫，何必用荆棘来保护？不如用竹子做成篱笆，依赖他人不如依靠自己。

核心能力关键词：自我坚守

郑板桥画竹不求形似，而求"胸有成竹"的心境，笔下竹子或斜逸或劲挺，皆题"任尔东西南北风"以明志。这种不随波逐流、不逢迎世俗的处世态度，让他在封建体制中活出了自己，并敢于为之坚守。

解读

郑板桥笔下的竹子，天生便蕴含着坚韧不拔的力量——它无需依附外物，仅凭自身根系深扎厚土，便能在风雨中挺直脊梁。

郑板桥将竹的特征升华为独立自强的图腾，这一壮举不仅影响了后人，更成为后人学习的榜样。许多人从他的故事中汲取力量，在困境中找到出路，在挫折中砥砺前行。

郑板桥：保持内心的从容洒脱

郑板桥早年家境贫寒，身世坎坷，但他凭借独立自强的精神，在诗、书、画领域皆取得了非凡的成就，成为"扬州八怪"中的代表人物。他的家风不仅是他个人治家的准则，更是他留给后世的宝贵精神财富。

郑板桥的童年充满了磨难，他的生母和继母相继离世。后来，年幼的郑板桥在乳母费氏的照料下艰难成长。他日夜苦读，寒暑不辍。长大后，郑板桥多次赴京赶考，却屡试不中，直到中年才考中进士。面对诸多磨难，他从未向命运低头，尽管生活困苦，他始终坚信只有独立自强，通过自己的努力，才能改变命运。

郑板桥为官后，家境得到改善，但他并未因此变得骄奢淫逸，同时还不忘教导孩子独立自强。郑板桥在给弟弟郑墨的信中写道："我虽然是做官的人，我的儿子也算是富贵人家的子弟，他以后成功还是失败，我已经置之不理了，但如果他能跟随优秀子弟读书并最终有所成就，也是我的最大心愿。"他常告诫儿子，不要因为自己的父亲做了官就依赖权势，不要依赖祖业或他人，要和优秀的人一起努力，靠自己实现人生价值。

除此之外，郑板桥还有自己独特的教子方式。临终前，他把儿子郑田叫到床前，说自己想吃儿子亲手做的馒头。郑田很是疑惑，但他不忍心拒绝父亲最后的要求，于是勉强答应了。但是，郑田并不会做馒头。郑板桥告诉他，可以向家中的厨子请教，但一定要自己亲手制作，千万不要让别人代劳。

郑田谨记父亲的教诲，他谦虚地向厨师请教，亲自和面、揉面、捏馒头、蒸馒头。最后，他终于靠自己把馒头蒸熟了。郑田兴高采烈地捧着馒头，回到父亲的病榻前。可惜此时的郑板桥已经闭上了眼睛，安详地离开了人世。

郑田拉着父亲的手痛哭流涕。过了许久，他才发现父亲留下的字条，上面写着："流自己的汗，吃自己的饭，自己的事自己干，靠天、靠地、靠祖宗，不算是好汉！"郑田终于明白了父亲想要教他独立自强的良苦用心。

从此以后，郑田始终铭记父亲的教诲，身体力行地做到了自立自强，活出了属于自己的精彩人生。

郑板桥及家族介绍

郑板桥

郑板桥，原名郑燮，字克柔，号板桥。江苏兴化人，祖籍苏州，是清代杰出的书画家、文学家，"扬州八怪"之一。早年家贫，在扬州以卖画为生。郑板桥擅画兰、竹、石、松、菊等；其书法别出心裁，用隶体掺入行楷，自创"非古非今，非隶非楷""六分半书"；诗词亦有独到之处，以描写民间疾苦颇为深切。著有《板桥全集》。

兴化郑氏家族

兴化郑氏家族自明洪武年间由苏州迁至兴化，逐渐发展壮大。郑板桥曾祖父郑新万，字长卿，是明末秀才。祖父郑湜，字清之，以儒学为业。郑板桥的父亲郑之本，字立庵，是县学廪生，以教书为生。郑板桥的生母汪氏早逝，他由继母郝氏和乳母费氏照料。

钱学森

敢于突破技术封锁的科学家

不息为体，以日新为道。

（出自《问大钧赋》）

译文

以坚持不懈的进取精神为基础，以每天求新的态度为准则。

🔍 核心能力关键词：逆向思维

钱学森的创新逻辑简洁而有力："不跟在别人后面跑，要开辟自己的赛道。" 他这种以非常规手段破局、以自主创新突围的创新智慧，让中国航天实现从无到有的跨越。毕竟核心技术买不来、等不来，唯有自主研发才是硬道理。

解读

唐代刘禹锡的这句诗体现出对奋斗不息与创新精神的重视，并鼓励人们以积极的姿态，敢于突破现状，超越自我。

钱学森的故事便是这种精神的最好印证。在我国航天事业尚处于艰难的处境下，钱学森以"锐意创新、科技强国"的家风激励我们突破传统思维，追求卓越。他不满足于既有成果，勇于创新，最终推动我国航天事业从无到有，为我国成为科技强国奠定了基石。

钱学森： 永远保持一颗好奇心

钱学森，这位被誉为"中国航天之父"的伟大科学家，不仅以其卓越的科学成就闻名于世，更以其锐意创新的精神和高尚的品格影响着后人。

出生于文化底蕴深厚的钱氏家族，钱学森自幼便耳濡目染家族世代传承的进取精神与创新意识，这在他的心中埋下了创新的种子。

钱学森家中总是充满鼓励创新的氛围。钱学森的父亲钱均夫博学多才，深知培养孩子创新思维的重要性，总是挑选各学科的书本给孩子阅读，并积极和钱学森探讨。他常常鼓励钱学森大胆提问，保持好奇心，不要被常规思维束缚。

儿时的钱学森对机械玩具特别着迷，他喜欢亲自拆解玩具，探究其复杂的内部构造，然后再尝试将各类零件重新组装，甚至还会发挥创意，对其进行合理改造。在这个过程中，钱学森的母亲章兰娟总是在一旁耐心陪伴儿子，从不因为他把玩具拆得乱七八糟而斥责他，反而会陪他一起思考如何把玩具改装得更有趣。

　　钱学森的创新精神贯穿了他的整个科研生涯。在美国留学期间，他目睹了世界科技的飞速发展，并深刻地认识到创新对于科技进步的重要性。

　　他曾说："我们不能人云亦云，这不是科学精神，科学精神最重要的就是创新。"面对航空领域的诸多难题，他不满足于现有的理论和方法，勇于突破传统思维的禁锢。他废寝忘食地研究，大胆提出新的设想，经过无数次严谨的实验，终于取得了一系列具有开创性的科研成果。

　　中华人民共和国成立后，钱学森冲破重重阻碍，回到祖国的怀抱。在国内艰苦的科研条件下，他秉持锐意创新的精神，带领团队攻克了一个又一个技术难关。从导弹到卫星，钱学森及其团队不断探索、创新，最终成功实现了中国航天事业从无到有的巨大跨越，为国家的国防安全和科技发展立下了汗马功劳。

钱学森及家族介绍

两弹一星

钱学森，应用力学、航天技术和系统工程科学家，浙江杭州人。他 1911 年 12 月 11 日生于上海，1934 年毕业于国立交通大学，1935 年赴美国麻省理工学院留学。

钱学森是中国近代力学和系统工程理论与应用研究的奠基人，中国航天事业的奠基人，1999 年被中共中央、国务院、中央军委授予"两弹一星功勋奖章"。他著有《工程控制论》《论系统工程》《星际航行概论》《物理力学讲义》等。

钱氏家族

杭州钱氏祖籍江南，有深厚的文化底蕴，其家族成员在不同领域均有卓越成就。钱学森的父亲钱均夫是知名教育家，钱学森是中国航天事业奠基人、"两弹一星"元勋。他的儿子钱永刚是高级工程师，女儿钱永真从事音乐教育工作。钱学森的堂弟钱学榘是空气动力学专家，其子钱永健获得诺贝尔化学奖。

以文字唤醒民族灵魂的思想者 鲁迅

有一分热，发一分光，就令萤火一般，也可以在黑暗里发一点光，不必等候炬火。

（出自《热风》）

核心能力关键词：批判力

鲁迅以笔为刃，揭露封建礼教的"吃人"本质。他的文字如手术刀，解剖旧社会的病灶。他的思想如火炬，照亮那片蒙昧的黑夜。看吧，真正的创新，不仅是形式的突破，更是思想的觉醒，是敢于直面真相、唤醒世人的责任担当。

解读

鲁迅认为每个人都有自己的独特能量，即便这能量如萤火虫般微弱，也能在黑暗中发出独属于自己的光芒。

或许我们在成长的过程中总能听到"别人家的孩子多么好"，但鲁迅先生早就用他开明包容的精神品格告诉我们：每个生命都是独特的烟火。当然，真正的个性不是刻意叛逆，而是像小树苗寻找阳光那样，在尊重与理解中自由生长。

鲁迅：每个生命都是独特的烟火

在救亡图存的道路上以笔为刀，"横眉冷对千夫指"的鲁迅先生，也有"俯首甘为孺子牛"的时刻。鲁迅对儿子周海婴的教育，就像他的妻子许广平在《鲁迅先生与海婴》里讲到的那样："顺其自然，极力不多给他打击，甚或不愿拂逆他的喜爱，除非在极不能容忍、极不合理的某一程度之内。"周海婴在后来对父亲的回忆中提到，鲁迅总是尊重并支持他的喜好，让他自由地成长。

鲁迅对周海婴的兴趣爱好非常支持，他从不强迫儿子背诵文章或看什么书，而是希望孩子按照自己的兴趣发展。周海婴小时候很喜欢一种叫"积铁成象"的玩具，这激发了他对机械的兴趣。

在一个蝉鸣阵阵的夏日午后，鲁迅坐在书桌前专注地创作着新的文章，手中的笔在纸上沙沙作响，他的思绪在寂静中飞扬。这时，一阵嘈杂的声音从院子里传来，打断了他的思路。

118

于是，鲁迅放下笔，起身走到窗边探看，只见周海婴正在摆弄着一堆电子零件，忙得不亦乐乎。鲁迅放轻脚步，默默走到儿子的身边。这时，他看到海婴正玩着他前些日子买来的留声机零件，弄得满手油污。海婴把留声机的齿轮当陀螺转着玩，眼中满是好奇。

　　"海婴，你在做什么呢？"鲁迅问道。

　　海婴抬起头，兴奋地说："爸爸，我想弄明白留声机发声的原理，所以我把它拆开了。"

　　当时，留声机是十分贵重的物件，而鲁迅并未斥责孩子顽皮，他饶有兴趣地蹲下来，仔细观察海婴的"作品"。鲁迅耐心地听海婴讲述着他对机械的理解，时不时提出一些问题，引导海婴去思考。

　　过了一会儿，鲁迅说："海婴，你对机械这么感兴趣，爸爸支持你。不过，其中的原理很复杂，你要想真正弄明白，还得好好学习相关知识。"

　　海婴听完，坚定地点了点头。他通过自己从前拆解机械零件的经验，成功地将那台拆开的留声机复原，得到了父亲欣慰的赞许。最终，周海婴成为伟大的无线电专家。

鲁迅及家族介绍

鲁迅

　　鲁迅，原名周樟寿，字豫才，后改名周树人，浙江绍兴人。他是我国著名文学家、思想家和革命家。1918年5月，鲁迅首次用笔名"鲁迅"发表中国现代文学史上第一篇白话小说《狂人日记》，揭露旧礼教"吃人"的本质，奠定了新文学运动的基石。有《呐喊》《热风》《彷徨》《野草》《故事新编》《朝花夕拾》《华盖集》等作品。

绍兴周氏家族

　　绍兴周氏，是当地颇有声望的官宦世家。鲁迅的祖父周福清是清同治十年的进士，曾任职内阁中书，后因科场舞弊案入狱，家道中落。鲁迅的父亲周伯宜是秀才，但因病早逝，家庭经济陷入困境。母亲鲁瑞出身官宦家庭，思想较为开明，对鲁迅的成长影响深远。